強く軽く、そして美しく、快適な移動空間と進化するクルマ創りへ、テイジンは技術と素材で、明日のクルマ創りを変えていく。

Panlite® ポリカーボネート樹脂

パンライトは私たちが日本で最初に企業化し、現在ではエンジニアリングプラスチックの代表的な樹脂として認められております。

Multilon® PC/ABS系ポリマーアロイ

マルチロンはポリカーボネート(PC)とABSの特長を兼ね備えており、自動車部品をはじめとした幅広い分野で使用されています。

www.teijin.co.jp　帝人株式会社

ARBURG

注目されている成形品の軽量化とコストダウンに対応した新射出成形システム

■ 長繊維ダイレクト成形

要求する繊維長に自動カット配合し、可塑化シリンダー内の溶融樹脂内に自動挿入する成形方式。
軽量化とコストダウンならびに材料の共有化が可能。
繊維長100㎜まで任意に設定可能。

■ ProFoam成形

MuCellシステムの簡素化と可塑化スクリュにミキシング機構が不要なために、配合された繊維長のダメージが少なく、理想的な強度と表面特性と発泡構造が確保できる。
ヒートアンドクールの応用で良好な転写性が得られる。

■ 厚肉レンズのオーバーモールド

二材質成形の金型回転装置によるタクト動作と取出し位置が確保できる成形方式。
シングル方式と比較して約50%の成形サイクルタイムの短縮が可能。

■ 金型温度調節機　HB-THERM

単独または急加熱急冷却システムとして構築できる。
広範な温度制御領域。
水仕様は230℃/油仕様は250℃まで温調可能。

HB-THERM®

有限会社アーブテクノ

K'2016の見本市で実演したように各種の成形ラインの完全無人自動化成形システムならびに急増しているLIMの2材質成形についてもご相談ください。

■ 本社・パーツセンター　〒973-8406　福島県いわき市内郷高野町柴平80-6　TEL 0246-45-1911　FAX 0246-45-1912
■ 大阪営業所　〒592-0005　大阪府高石市千代田5-10-33　TEL 080-8217-3662
www.arbtechno.com　　www.arburg.com　　E-mail m.takahagi@arbtechno.com

序

　本書の題名は、「やさしいプラスチック成形材料」ですので、材料を専門に扱っていない方にも、理解しやすいように、化学式は使わず、専門用語はできるだけ統一した表現にしました。また、やさしいと言っても、難しい技術的内容の説明を避けるのではなく、出来るだけ平易に表現するようにしました。専門用語も、例えば、分子の運動が停止する温度（ガラス転移温度）のような表現にし、その意味がわかるようにしました。ただ、専門用語を平易な言葉で表現したため、厳密には、本来の意味と若干違っている点もあるかもしれませんが、プラスチック材料の本質は理解できると思います。

　さて、プラスチックが市場に登場してから、すでに、50年以上経ちました。当初は、金属、木材、ガラスなどの代替として使われましたが、最近では、軽い、自由なデザインができる、生産性がよいなどの機能的な特長を活かし、日用雑貨、包装材料、電子・電気、ＯＡ、自動車、建材など幅広い用途に使用されるようになりました。今では、機能性素材として、不可欠の材料となり、容積当たりの使用量では、鉄鋼に匹敵するまでに成長しました。

　一方、技術的には、使用者側からのいろいろな要望に応えて材料開発が進められ、成形材料の種類も増えてきました。このため、材料の選定、使用方法などについて、戸惑うことも多いかと思います。しかし、種類は多いですが、所詮はプラスチックです。プラスチックに関する原理・原則はほとんど同じです。プラスチックを扱うにあたっては、まずその原理・原則を理解しておくことは大切です。原理・原則がわかると、案外、個別のプラスチック成形材料の特性や性質を理解しやすくなります。本書は、プラスチックの入門書として、その基本的特性や性質を理解できるようにまとめたつもりです。本書が、プラスチック成形材料を理解するのに、少しでもお役にたてれば幸いです。

　なお、本吉正信氏の著で、昭和55年（1980年）に同名の書が発行されましたが、それから20年以上経過して、プラスチック関連技術も多彩な発展を示し新しい技術内容も加わりましたので、これを機会に内容を一新し、執筆するに至った次第です。

2020年1月

著　者

初歩プラシリーズ

やさしいプラスチック成形材料 新版

目次

1 プラスチックと私達の生活……………1
  1.1 プラスチックの生産量 ……………1
  1.2 プラスチックがこのように多く使用
    されているわけ ……………………2
  1.3 プラスチックのライフサイクル ……3
  1.4 プラスチックと環境問題 ……………4
2 熱可塑性プラスチック……………………7
  2.1 熱可塑性プラスチックとは …………7
  2.2 熱可塑性プラスチックの種類 ………7
  2.3 基本特性 ………………………………8
    2.3.1 結晶性プラスチックと非晶性
       プラスチック ………………………8
    2.3.2 転移温度 …………………………9
    2.3.3 結晶性プラスチックと非晶性プ
       ラスチックの実用特性の違い…10
    2.3.4 粘弾性 ……………………………10
    2.3.5 分子量 ……………………………13
    2.3.5 分子配向 …………………………13
  2.4 ポリマー成形材料の作り方 …………14
    2.4.1 原料からプラスチック成形品が
       できるまでの工程 ………………14
    2.4.2 ポリマーの作り方 ………………14
  2.5 成形材料の作り方 ……………………17
    2.5.1 配合剤 ……………………………18
    2.5.2 コンパウンディング ……………19
  2.6 各種成形材料 …………………………20
    2.6.1 着色材料 …………………………20
    2.6.2 添加剤による成形材料 …………21
    2.6.3 充填材による強化材料 …………22
    2.6.4 ポリマーアロイ …………………23
3 熱硬化性プラスチック…………………25
  3.1 熱硬化性プラスチックとは …………25
  3.2 熱硬化性プラスチックの種類 ………26
  3.3 熱硬化性プラスチックの性質 ………26
  3.4 成形材料と成形法 ……………………27
    3.4.1 成形材料 …………………………27
    3.4.2 成形材料と成形法 ………………27
4 プラスチックの種類と特徴、用途………29
  4.1 熱可塑性プラスチック ………………29
    4.1.1 汎用プラスチック ………………29
      ・ポリエチレン（PE）……………29
      ・ポリプロピレン（PP）…………30
      ・ポリ塩化ビニル（PVC）………31
      ・ポリスチレン（PS）・AS樹脂…32
      ・ABS樹脂 ………………………32
      ・メタクリル樹脂（PMMA）……33
      ・その他のプラスチック…………34
    4.1.2 エンジニアリングプラスチック
       （略称：エンプラ）………………35
    （1）汎用エンプラ…………………35
      a．ポリアミド（PA）………………35
      b．ポリアセタール（POM）………36
      c．ポリカーボネート（PC）………37
      d．変性ポリフェニレンエーテル
        （mPPE）…………………………37
      e．ポリブチレンテレフタレート
        （PBT）……………………………38
      f．ポリエチレンテレフタレート
        （PET）……………………………38
    （2）スーパエンプラ………………39
      a．ポリフェニレンスルフィド
        （PPS）……………………………39
      b．ポリスルホン（PSU）…………39
      c．ポリアリレート（PAR）………40
      d．液晶ポリエステル（LCP）……40
      e．ポリエーテルエーテルケトン
        （PEEK）…………………………41
      f．フッ素樹脂（PFA）……………42
      g．その他の耐熱エンプラ　……42
    4.1.3 熱可塑性エラストマー …………42
    4.1.4 生分解性プラスチック、バイオ
       プラスチック ……………………44
  4.2 熱硬化性プラスチック ………………45
    ・フェノール樹脂（PF）……………45
    ・ユリア樹脂（UF）・
      メラミン樹脂（MF）………………46
    ・エポキシ樹脂（EP）………………47
    ・不飽和ポリエステル（UP）………47
    ・ジアリルフタレート樹脂（PDAP）…48
    ・ポリウレタン樹脂（PUR）………48
    ・シリコーン樹脂（SI）……………49
5 プラスチックの性質……………………51
  5.1 物理的性質 ……………………………51
    5.1.1 比重、密度 ………………………51
    5.1.2 吸水率 ……………………………52
    5.1.3 比熱、熱伝導率、線膨張係数 …53
  5.2 強度 ……………………………………54
    5.2.1 引張強度 …………………………54
    5.2.2 曲げ強度 …………………………57
    5.2.3 衝撃強度 …………………………58
    5.2.4 クリープ、クリープ破壊 ………60
    5.2.5 疲労強度 …………………………61
  5.3 耐熱性 …………………………………62
    5.3.1 荷重たわみ温度 …………………62

	5.3.2	強度の温度特性 ……………………63
	5.3.3	耐寒性 ………………………………64
	5.3.4	熱劣化 ………………………………64
5.4	硬 さ ……………………………………65
	5.4.1	押し込み硬さ ……………………65
	5.4.2	引っ掻き硬さ ……………………67
5.5	耐摩擦摩耗性 ……………………………67
	5.5.1	静摩擦係数 ………………………67
	5.5.2	動摩擦係数 ………………………68
	5.5.3	限界PV値 …………………………69
5.6	光学的性質 ………………………………69
	5.6.1	耐紫外線性、耐候性 ……………69
	5.6.2	光線透過率、ヘイズ ……………70
5.7	寸法安定性 ………………………………71
5.8	燃焼性 ……………………………………72
5.9	耐薬品性 …………………………………74
5.10	電気的性質 ……………………………75
	5.10.1	絶縁抵抗 …………………………75
	5.10.2	絶縁破壊 …………………………75
	5.10.3	誘電率、誘電正接 ………………76
5.11	成形性 …………………………………76
	5.11.1	メルトマスフローレイト(MFR) 及びメルトボリュームフローレイト(MVR) ……………………76
	5.11.2	キャピラリレオメーターによる溶融粘度 …………………………77
	5.11.3	流動長 ……………………………79
	5.11.4	成形収縮率の測定法 ……………79

6 成形加工法 ………………………………81
　6.1 熱可塑性プラスチックの成形法 ………82
　　　6.1.1　射出成形法 ………………………82
　　　6.1.2　押出成形法 ………………………83
　　　6.1.3　ブロー成形法 ……………………84
　　　　(1)　押出ブロー成形
　　　　　　（ダイレクトブロー成形）………84
　　　　(2)　射出ブロー成形 …………………85
　　　　(3)　延伸ブロー成形法 ………………85
　　　6.1.4　熱加工法 …………………………86
　　　　(1)　真空、加圧成形法 ………………86
　　　　(2)　フリーブロー成形法 ……………87
　　　6.1.5　シートスタンピング成形法 ……87
　　　6.1.6　粉末成形法 ………………………88
　　　　(1)　回転成形法 ………………………88
　　　　(2)　スラッシュ成形法 ………………88
　　　　(3)　流動浸漬法 ………………………89
　　　6.1.7　注型成形法 ………………………89
　6.2 熱硬化性樹脂の成形法 …………………90
　　　6.2.1　圧縮成形法 ………………………90
　　　6.2.2　トランスファー成形法
　　　　　　（移送成形）………………………90
　　　6.2.3　FRP成形法 ………………………91
　　　6.2.4　RIM ………………………………92
　　　6.2.5　LIM成形法 ………………………93

　6.3　2次加工 …………………………………94
　　　(1)　後インサート法 …………………94
　　　(2)　接合法 ……………………………94
　　　(3)　接着法 ……………………………95
　　　(4)　表面加飾法、表面機能化法 ……95
　　　(5)　メタライジング法 ………………95
　　　(6)　機械加工法 ………………………95

7 法規・規格 ………………………………99
　7.1 材料試験規格 …………………………100
　　　7.1.1　ISO ……………………………100
　　　7.1.2　JIS ……………………………100
　　　7.1.3　ASTM …………………………100
　　　7.1.4　DIN ……………………………100
　　　7.1.5　CEN ……………………………101
　　　7.1.6　MIL ……………………………101
　7.2 安全関連法規・規格 …………………101
　　　7.2.1　電気用品安全法 ………………101
　　　7.2.2　IEC ……………………………101
　　　7.2.3　UL ……………………………103
　　　　(1)　UL94 …………………………104
　　　　(2)　UL746A ………………………104
　　　　(3)　UL746B ………………………104
　　　　(4)　UL746C ………………………105
　　　　(5)　UL746D ………………………105
　　　7.2.4　CSA ……………………………105
　7.3 環境、リサイクル関連法規・規格 ……105
　　　7.3.1　化学物質の安全性に関する法規制 ………………………………105
　　　　(1)　CAS NO ………………………106
　　　　(2)　PRTR法 ………………………106
　　　　(3)　MSDS …………………………106
　　　　(4)　VOC規制 ……………………106
　　　　(5)　EUにおける規制 ……………106
　　　7.3.2　環境・リサイクル関係 ………107
　　　　(1)　環　境 …………………………107
　　　　(2)　リサイクル ……………………107
　　　7.3.3　消費者保護 ……………………108
　7.4 用途関連の規格・法規 ………………108
　　　　(1)　家庭用品品質表示法 …………108
　　　　(2)　食品衛生法 ……………………108
　　　　(3)　ポリオレフィン等衛生協議会（ポリ衛協）の自主基準 ………109
　　　　(4)　FDA規格 ……………………109

8 プラスチックの利用 ……………………111
　8.1 プラスチックの上手な使い方 ………111
　　　8.1.1　長所の利用 ……………………111
　　　8.1.2　欠点でもあるが長所にもなる性質の利用 ………………………112
　　　8.1.3　欠点の克服 ……………………113
　8.2 用途の広がり …………………………114

参考資料 ……………………………………127

最新型 省エネ再生機

従来トリミングフィルムのインライン、オフライン再生処理及び
少量の原反ロスを再生していただいているお客様には
高評価をいただいていましたが···

より高生産、高効率のご要望にお応えする為
最新型省エネ再生機を製作、販売を開始いたしました

ＴＲＰ－２型再生機

主仕様
1、ホットカット方式で光熱費もコストダウンとなります。
2、2段式サイクロン装置(ペレット輸送用ブロアーを含む)
3、広い据付場所を必要としない驚異のコンパクト設計
4、独自の制御回路で「粒ぞろい」の良いペレット形状

ペレット形状

 TOMI

トミー機械工業 株式会社

本社・工場 〒223-0052
神奈川県横浜市港北区綱島東6-10-29
TEL:(045)542-4535(代表)
FAX:(045)542-4571
H.P　　http://www.tomi-kikai.com
E-mail　info@tomi-kikai.com
　　　　（お問い合わせは 営業部まで）

再生量
常用:約45kg/h～65kg/h
最高:約70kg/h
※再生量は投入される
原反形状・サイズ・厚みにより
変わります

初歩プラシリーズ

やさしいプラスチック成形材料 新版

監修　全日本プラスチック製品工業連合会
著者　本　間　精　一

- 顔料
- 着色剤
- 印刷インキ・コーティング剤
- ウレタン樹脂
- 天然物由来高分子

未来をひらく色彩。

彩りと機能で快適な暮らしを提案します

もっと自由に色を付けられたら…そんな願いのあるところに、
当社のコア技術は生かされています。
彩りと機能を持った"素材"を通じて、皆様のお役に立っています。

大日精化工業株式会社
Dainichiseika Color & Chemicals Mfg. Co., Ltd.

東京都中央区日本橋馬喰町1-7-6
Tel:03-3662-7111 Fax:03-3669-3924
http://www.daicolor.co.jp

No.750

1 プラスチックと私達の生活

1.1 プラスチックの生産量

　私達の身の周りには，至る所にプラスチックを使用した製品があります。コンビニエンスストアーに行けばお惣菜や弁当、カップ麺、インスタントカレー、飲料水ボトルなどのプラスチック製品で一杯です。また、自動車では軽量化による燃費向上、生産性向上などからプラスチック部品へ、携帯端末やデジタルカメラでは小型・軽量化、意匠性などから主要部品へ採用が増えています。最早私達の生活はプラスチックなしでは成り立たなくなっています。

　我が国における2012年の全プラスチック生産量は1,054万トンです。この内、熱可塑性プラスチックは933万トンで全体の約89％、熱硬化性プラスチックは94万トンで全体の約9％、その他が27万トンで約2.6％です[1]。

　一方、世界の地域別プラスチック生産量（2011年）は**表1.1-1**[2]に示す通りです。

　同表のように2011年の世界全体の生産量は2億8千万トンで、この中で我が国の比率は4％で、対前年度比では－8％です。このように生産量が減少した理由は自動車、電子・電機など関連メーカーの海外シフトに伴ってプラスチック原料の現地調達が多くなったことによるものと考えられます。ただ、国内樹

表1.1-1　世界のプラスチック生産量（2011年）[2]

	数量（百万トン）	比率（％）	前年伸び率（％）
世界全体	280	100.0	6
アジア（日本を含む）	123	44	7
日本	11	4	－8
中国	64	23	3
その他アジア	48	17	17
欧州	67	24	4
EU25＋ノルウェー＋スイス	59	21	3
内ドイツ	20	7	6
その他欧州	8	3	6
NAFTA	56	20	3
ラテンアメリカ	14	5	6
アフリカ、中東	20	7	14

脂メーカーのアジア生産プラントによる海外生産量を含めると比率は高くなります。一方、最近では中国、その他アジア（アセアン、インドなど）、ラテンアメリカ、アフリカ、中東など新興国の伸びが顕著になり、海外樹脂メーカーとの競争も激しくなっています。

1.2　プラスチックがこのように多く使用されているわけ

　プラスチックがいろいろな用途で使用され始めた時期は、1960年代に入ってからです。最初の時期は、金属、木材などの代替えとして使用されました。しかし、プラスチックの良さがだんだん認識され、最近では、プラスチックの特長を活かした用途が開発されるようになり、金属などの素材とならんで、日用品、工業部品、医療部品など幅広い用途に使用されるようになりました。では、プラスチックはどのような特長があるか、次に述べます。

　プラスチックの第1の特長は、生産性がよいことです。例えば、日用大工で使用する電動工具のハウジングには以前はアルミダイカストという金属材料を使用していました。最近では、殆どプラスチック製ハウジングが使用されています。**図1.2-1**に、プラスチックハウジングとアルミダイカストハウジングの製造工程の比較を示します。この図からわかるように、アルミダイカストは、バリ仕上げ、穴、ねじの加工、塗装など、製造工程が長いことがわかります。プラスチックの場合は、予め色づけした成形材料（着色材料）を用い、射出成形した後にゲート仕上げをすれば、ハウジングができあがります。これに内部部品を組み込めば最終製品の電動工具が完成します。後で述べます射出成形という方法では、穴やねじなどは、成形時に加工できますので、アルミダイカストのように、成形後に加工をする必要はありません。

　第2の特長は、加工性がよいことです。つまり、いろいろな形の製品を成形

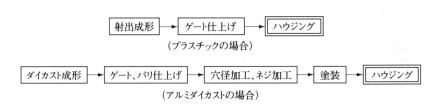

図1.2-1　プラスチックとアルミダイカストの加工工程比較
（電動工具ハウジングの場合）

できるという点です。成形加工法については、6章で述べますが、複雑な形状の製品でも、1度に加工できます。自動車、電気・電子製品、事務機器などでは、デザインのよい製品の開発には、プラスチックは不可欠の材料になっています。

第3の特長は、軽いことです。比重(単位体積当たりの重量)では、鉄の約1/8、銅の約1/9、アルミの約1/3、無機ガラスの約1/2であり、プラスチック化によって製品重量が軽くなるという利点があります。例えば、以前はカメラは金属やガラスなどの素材からできていました。従って、重いので持ち運びが大変でしたが、プラスチック化により非常に軽くなり、旅行などでも快適に持ち運びができるようになりました。

次に、プラスチックの性質で、利用の仕方によってはメリットになる性質もあります。プラスチックは、熱を伝えにくいので、食器などで熱い内容物を入れても、手で触っても熱く感じないこともあります。また、電気を通さないので、電気製品のカバーやハウジングに用いても感電の心配はありません。

以上、プラスチックのよい点を述べましたが、反面、欠点もあります。プラスチックの欠点をカバーし、上述の利点をいかに発揮させるかが、プラスチック製品の設計ポイントです。このことについては、8章で述べることにします。

1.3 プラスチックのライフサイクル

プラスチックの原料としては、天然物を原料とする場合もありますが、ここでは、現在プラスチックの主要な原料になっている石油を原料とする場合について述べることにします。石油から製造されたプラスチックのライフサイクルを図1.3-1に示します。同図からわかるように、石油からスタートしたプラスチック製品が消費者で使用され、最後に廃棄されるまで、長い工程を経ることがわかります。人の一生とは違い、またリサイクルされて、再び使用されるということも可能です。一方、プラスチックに関わる産業は、化学、機械、電気・電子、自動車など広い分野にわたることがわかります。

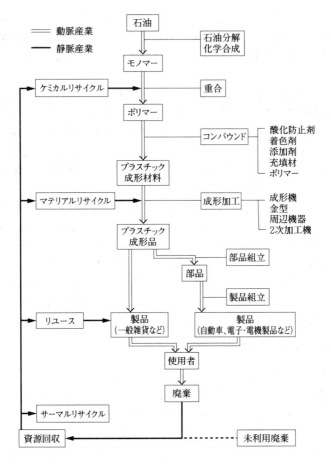

図1.3-1 プラスチックのライフサイクル

1.4 プラスチックと環境問題

　プラスチックは多量生産・多量消費により、私達の生活を豊かで快適なものにしてきました。しかし、多量消費は多量廃棄に結びつき、結果として環境汚染というマイナスの点も目立っております。これまで環境負荷は以下の式で表されました。

　環境負荷＝人口×豊かさ×技術

しかし、これからは
　　環境負荷＝人口×豊かさ÷技術
でなければなりません。つまり、環境負荷を軽減するような技術開発が必要になります。

2012年におけるプラスチック材料の使用量と廃プラ量の実態は**図1.4-1**に通りです[3]。この図で、2012年の実態では、未利用廃プラスチックは185万トンと廃プラ全体の20％であることが課題です。これを減らして行く努力をしなければなりません。

プラスチックの廃棄物汚染を軽減するには、次の3つの方法があります。
・リデュース：プラスチックの使用量を減らす（薄く、小さく）。
・リサイクル：サーマルリサイクル、ケミカルリサイクル、マテリアルリサイクルなどにより有効使用する。
・リユース：使用後の製品のプラスチック部品を再度使用する。

これらについては、経済産業省の施策にも反映され、技術開発や社会システムなどの面から取り組みがすすめられています。

一方、環境汚染の低減から生分解性プラスチックが、温室効果ガス（炭酸ガス）の抑制のためのバイオプラスチックが開発されています。

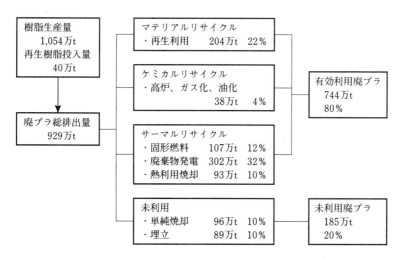

図1.4-1　廃プラスチックの有効利用状況（2012年）[3]

〈引用文献〉
1）化学工業統計年報
2）水野靖彦、プラスチックス、64 (6)、P.9 (2013)
3）㈳プラスチック循環利用協会資料 (2013年12月)

2　熱可塑性プラスチック

2.1　熱可塑性プラスチックとは

　可塑性とは物体に力を加えて変形させたとき、力を除いても変形が元に戻らない性質をいいます。加熱すると可塑性を示すプラスチックが熱可塑性プラスチックです。熱可塑性プラスチックは加熱すると溶融して成形でき冷すと固まるが、再び加熱すると溶融するので「チョコレート型」とも呼ばれます。
　熱可塑性プラスチックは、**図2.2-1**に示すように線状の長鎖ポリマー（高分子）の集合体で、分子間には絡み合いもあります。また、分子は長いものから短いものまで分布しています。

図2.2-1　熱可塑性プラスチックの概念図

2.2　熱可塑性プラスチックの種類

　熱可塑性プラスチックの種類を**表2.2-1**に示します。同プラスチックを、結晶性と非晶性または耐熱性によって分類する場合があります。同表には両分類と該当するプラスチック名及び略語を示します。耐熱性については特に定義はありませんが、実用温度範囲の目安は次のように区分されています。
- ・汎用プラスチック：60℃～100℃
- ・汎用エンジニアリングプラスチック：100℃～150℃
- ・スーパーエンジニアリングプラスチック：150℃～350℃

表2.2-1 熱可塑性プラスチックの種類

	汎用プラスチック (60℃～100℃)	エンジニアリングプラスチック（エンプラ）	
		汎用エンプラ (100℃～150℃)	スーパーエンプラ (150℃～350℃)
非晶性	ポリ塩化ビニル (PVC) ポリスチレン (PS) AS樹脂 (SAN) ABS樹脂 (ABS) メタクリル樹脂(PMMA)	ポリカーボネート (PC) 変性ポリフェニレンエーテル (mPPE)	ポリアリレート (PAR) ポリスルホン (PSU) ポリエーテルスルホン(PES) ポリアミドイミド (PAI) ポリエーテルイミド (PEI)
結晶性	ポリエチレン (PE) ポリプロピレン (PP)	ポリアミド6 (PA6) ポリアミド66 (PA66) ポリアセタール (POM) ポリブチレンテレフタレート (PBT) ポリエチレンテレフタレート (PET)	ポリフェニレンスルフィド (PPS) ポリエーテルエーテルケトン (PEEK) 液晶ポリマー (LCP) ポリイミド (PI)* ふっ素樹脂 (PFA、PFEP)

＊結晶性プラスチックではあるが、結晶化速度が遅いため非晶性プラスチックに分類することもある。

2.3 基本特性

2.3.1 結晶性プラスチックと非晶性プラスチック

図2.3-1に示すように固化した状態で分類すると、結晶性プラスチックと非晶性プラスチックの2種類があります。しかし、溶融状態にすると結晶性プラスチックも結晶が融解するので、非晶性プラスチックと同様に不規則な分子配列になります。

結晶性プラスチックは溶融状態から冷却・固化する過程で、分子は規則的に配列し結晶相を形成します。しかし、絡み合っている分子鎖やかさばった分子鎖は結晶相に入り込めないので非晶相を形成します。溶融するときには結晶が融解するために熱を吸収し、かつ熱運動が活発になるため体積は急に膨張します。逆に、冷却過程では結晶化によって系外に熱を放出しつつ大きな体積減少を示します。また、冷却時の結晶化度は冷却速度が関係します。例えば、金型温度が低い条件では急冷されるので結晶化度は低くなります。

非晶性プラスチックは、溶融状態から冷却・固化する過程で規則的な分子配列をとりにくいため固化状態においても不規則な分子配列になります。そのため、結晶性プラスチックに比較すると加熱または冷却過程では、体積膨張または収縮の挙動は比較的なだらかな変化を示します。

2 熱可塑性プラスチック

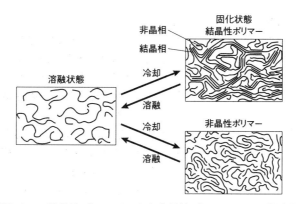

図2.3-1　結晶性プラスチックと非晶性プラスチックの概念図

2.3.2　転移温度

ポリマーの熱的特性が急に変化する温度を転移温度といいます。主な転移温度としてはガラス転移温度と結晶融点があります。

表2.3-1に、主なプラスチックのガラス転移温度と結晶融点を示します。

表2.3-1　プラスチックのガラス転移温度と結晶融点

	プラスチック名	ガラス転移温度 (℃)	結晶融点 (℃)
非晶性	ポリスチレン	90	—
	ポリ塩化ビニル	70	—
	メタクリル樹脂	100	—
	ポリカーボネート	145	—
	ポリスルホン	190	—
結晶性	ポリエチレン	−125	141
	ポリプロピレン (ホモポリマー)	0	180
	ポリアミド6	50	225
	ポリアセタール	−50	180
	ポリブチレンテレフタレート	37〜52	220〜230
	ポリフェニレンスルフィド	88	290

［註］これらの値は測定条件によって変化する

［ガラス転移温度］

ガラス転移温度 (T_g) はポリマー分子の相対的な位置は変化しないが、分子主鎖が回転や振動（ミクロブラウン運動）を始めるまたは停止する温度であり、この温度以下ではガラス状に凍結するのでガラス転移温度と称しています。また、一次転移点（融点）に対し、T_g を二次転移点または二次転移温度ということもあります。

非晶性プラスチックは T_g 以下では固化状態になりますが、必ずしもガラスのように脆くなるわけではなく延性を示す材料もあります。比容積、線膨張係数、比熱、熱伝導率などの温度特性は T_g で変曲点を示します。

一方、結晶性プラスチックでは結晶の融点よりかなり低いところに T_g が存在します。T_g 以下では非晶相の分子運動が停止するのでプラスチックによっては衝撃強度が低下することがあります。

［融点］

ポリマーは分子量分布があるので低分子物質のようにシャープな融点を示しません。結晶性プラスチックでは結晶が融解する温度が融点に相当します。

一方、非晶性プラスチックは明確な融点を示しません。昇温するとガラス転移温度以上ではポリマー分子の運動が活発になるため徐々に軟らかくなり、やがて溶融状態になります。流動性を示す温度を融点と表現することもあります。

2.3.3 結晶性プラスチックと非晶性プラスチックの実用特性の違い

両プラスチックの実用特性の違いを**表2.3-2**に示します。これらの特性については5章で説明します。

2.3.4 粘弾性

プラスチックの力学的特性の1つとして粘弾性を示すことが挙げられます。

プラスチックが粘弾性を示す理由は、ポリマーは長鎖高分子の集合体であることに起因します。ポリマーの集合体に力を加えると、分子の原子間距離、結合角などが瞬間的に弾性変形して弾性ひずみが発生します。しかし、時間が経過するとポリマー分子間のせん断降伏変形によって永久ひずみが発生します。前者は時間に依存しない可逆的な弾性変形ですが、後者は時間に依存する不可逆な粘性変形です。このように弾性と粘性の2つの性質を有することを粘弾性といいます。

プラスチックの粘弾性に起因する性質として応力緩和とクリープがあります。

表2.3-2　結晶性プラスチックと非晶性プラスチックの実用特性
（一般的比較であり例外もある）

	非晶性プラスチック	結晶性プラスチック
透明性	透明*	半透明、不透明
成形収縮率	小 (0.4〜0.8%)	大 (1.5〜2.5%)
寸法精度	良い	良くない
寸法安定性	良い	良くない
強度、弾性率 (繊維強化材料)	小	大
耐薬品性 (溶剤、油、グリス)	良くない	良い
耐疲労性	良くない	良い

＊自然色品 (HIPS、ABS、変性 PPE などのポリマーアロイを除く)

[応力緩和]

成形品に一定のひずみを加えておくと、時間経過とともに応力が小さくなる現象を応力緩和といいます。**図2.3-2**に応力緩和の概念図を示します。同図のように温度が高いほど応力残留率は小さくなります。

また、応力緩和による実用例を**図2.3-3**に示します。同図のようにプラスチック成形品のめねじを金属ボルトで締め付けて放置すると、時間が経つと締め付けトルクが緩くなるのは応力緩和によるものです。残留応力、インサート金具周囲の残留応力、ねじ締めは応力緩和が起ります。

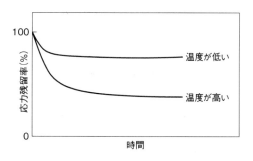

図2.3-2　応力緩和の概念図

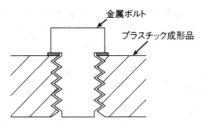

図2.3-3　応力緩和によるねじ締め付けトルクの低下

［クリープ］
　成形品に一定の応力を加えておくと、時間経過とともに変形し、応力を除いても変形は完全には元にもどりません。このような現象をクリープといいます。**図2.3-4**にクリープ曲線の概念図を示します。同図のように温度が高いほどクリープひずみは大きくなります。
　図2.3-5にクリープ変形の例を示します。同図のように成形品に荷重を加え

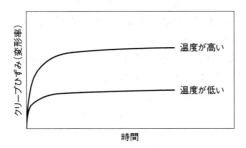

図2.3-4　クリープの概念図

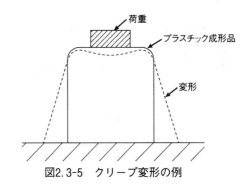

図2.3-5　クリープ変形の例

ておくと、時間が経つと点線のように変形するのはクリープ変形によるものです。内圧のかかる容器やパイプでも同様な現象が起こります。

2.3.5 分子量

ポリマー分子の大きさを表すのに分子量または重合度という表現を用います。例えば、ポリエチレンは次の化学式で表されます。

$$[-CH_2\text{-}CH_2-]_n$$

上式で繰り返し単位は $[-CH_2\text{-}CH_2-]$（エチレン）であり、これがn個つながったものがポリマーです。nが重合度であり、分子量は［(繰り返し単位の分子量)×(重合度)］です。従って、重合度または分子量が大きいほど分子の長さは長いことになります。ただ、実際のポリエチレンはポリマー分子に枝分れまたは変性されており、上述の例のように単純な分子構造ではないですが重合度や分子量の概念は理解できるでしょう。

ポリマー分子は長いものから短いものまで分布を持っています。通常、分子量分布は正規分布に近いですが、重合法や重合条件によって分布の幅や形には違いが生じます。分子量分布によっても性能や加工性に違いが生じることがあります。

分子量には分布があるので平均分子量という表現を用います。重合度も正確には平均重合度です。平均分子量が大きいと溶融粘度は大きくなるので流動性が悪くなります、逆に小さいと強度や靭性が低くなります。そのため、流動性と強度や靭性の兼ね合いから平均分子量の範囲を適切に調整したポリマーが作られています。

2.3.6 分子配向

溶液状態や溶融状態のようにポリマー分子が自由に動ける場合には丸まった形態（ランダムコイル）をとる性質があります。これに力（せん断力、引張力など）を加えると応力方向に分子が引き伸ばされた形態になります。このように分子が引き伸ばされた形態を分子配向といいます。分子配向の状態を図2.3-6に示します。応力から解放されると、ランダムコイルの形態に戻りますが、射出成形などで成形時に急冷されると分子配向はそのまま凍結されて分子配向ひずみとなります。

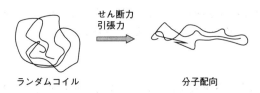

図2.3-6　分子配向の概念図

2.4　ポリマー成形材料の作り方

2.4.1　原料からプラスチック成形品ができるまでの工程

図2.4-1に、石油原料からポリマー、成形材料、成形を経て成形品ができるまでの工程を示します。同表においてプラスチックの直接原料となるものがモノマーです。例えば、エチレン、プロピレン、ベンゼンなどがあります。いろいろなモノマーからプラスチックができるまでの経路については巻末の資料1を参照下さい。

2.4.2　ポリマーの作り方

ポリマーを作る方法は専門的には複雑ですが、ここでは簡略化して述べます。ポリマーを作るに先立ってモノマーを化学的に合成します。モノマーを化学的

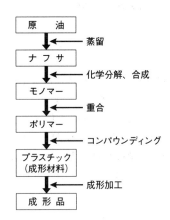

図2.4-1　石油原料からプラスチック成形品ができるまでの工程

2 熱可塑性プラスチック

につなげることを重合と呼びます。主な重合法は次の通りです。
① モノマーの端に、次々とモノマーを結合してポリマーを作る方法（付加重合法）
② モノマー同士の間から、ある成分がとれてモノマー同士を結合させてポリマーを作る方法（重縮合法、縮重合法、縮合法など）
③ モノマー同士を結合させてポリマーを作る方法（重付加法）
④ 重縮合と重付加を組み合わせてポリマーを作る方法（付加縮合法）
⑤ 環状モノマーの環が切れて、モノマー同士を結合させてポリマーを作る方法（開環重合法）

ポリマーの重合法を**表2.4-1**に示します。

次に、工業的に採用されている重合プロセスとしては次の方法があります。
① 溶融した状態で重合する方法（塊状重合法）
② 水に懸濁剤を加え、この中でモノマーを重合する方法（懸濁重合法）
③ 有機溶剤にモノマーを溶かして重合する方法（溶液重合法）
④ 水に界面活性剤のような乳化剤を加え、この中で重合する方法（乳化重合法）

表2.4-1 ポリマーの重合法

重合反応	反応の仕方	該当するポリマー
付加重合法	ⓐ+M→ⓐ—M—+M→ⓐ—M—M—+M →ⓐ—[M]ₙ	ポリエチレン ポリ塩化ビニル ポリプロピレン ポリスチレン
重縮合法	ⓑ—M—ⓒ + ⓑ—M—ⓒ ↓ ⓑ—ⓒがとれる ⓑ—M—M—ⓒ + ⓑ—M—ⓒ ↓ ⓑ—ⓒがとれる ⓑ—[M]ₙ—ⓒ	ポリカーボネート ポリアミド6.6 ポリエステル
重付加法	重縮合法でⓑ-ⓒがとれることなく重合する	ポリウレタン
付加縮合	前段階で付加重合した後、後段で重縮合する	フェノール樹脂 ユリア樹脂
開環重合	(M) + (M) → (M)+(M)→—M—M—+(M) → [M]ₙ	ポリアミド6

⑤ 例えば水とモノマーを溶解して有機溶剤と混合し、水と有機溶剤の界面で重合する方法（界面重縮合法）。

ポリマーによっては上述の重合法を組み合わせてポリマーを作ることもあります。

また、重合が終了する時点ではポリマーの端（末端）の反応を停止する方法も重要な技術です。末端をうまく止めていないと成形加工する際に熱分解しやすくなります。

ポリマーの重合反応ではモノマー以外にいろいろな反応助剤を用います。例えば、触媒、分子量調節剤、反応停止剤などがあります。また、重合に用いた有機溶剤、懸濁剤、乳化剤、未反応モノマー、反応副生成物などの不純物が残留することもあります。そのため反応助剤を作用しなくすること（失活）や不純物を分離・精製することも重要です。これらの成分がポリマー中に残留していると、成形工程で熱分解や成形品の強度低下を誘発することになります。

一方、ポリマーのタイプとしてはホモポリマーとコポリマーがあります。両タイプの概念図を**図2.4-2**に示します。同一のモノマーを重合したものがホモポリマー（単独重合体）です。主モノマーと他のモノマー（コモノマー）を一緒に重合したものをコポリマー（共重合体）といいます。例えば、ポリプロピレンのホモポリマーは低温の耐衝撃性が良くないが、主モノマーであるプロピレンにエチレンを共重合したコポリマーは低温の耐衝撃性が向上します。

その他に重合工程ではモノマーの組み合わせ、反応助剤や触媒の選定によってポリマーを変性する方法もあります。**表2.4-2**に変性法の概念図を示します。

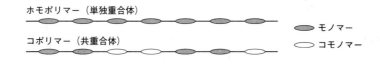

図2.4-2　ホモポリマーとコポリマーの概念図

表2.4-2 変性ポリマーの概念図

ポリマーの変性法		分子の配列状態
共重合	ランダム	—A—B—B—A—A—A—B—
	ブロック	—A—A—A—B—B—A—A—A—
	グラフト	—A—A—A—A—A— 　　　　│ 　　　　B 　　　　│ 　　　　B
分岐		—A—A—A—ⓑ＜B—B 　　　　　　　B—B　　ⓑ分岐剤 （分岐剤を用いないこともある）
架橋		ⓒ　　ⓒ 　　　│　　│ —A—A—A—A— 　│　　│ 　ⓒ　　ⓒ 　│　　│ —B—B—B—B—　　ⓒ：架橋剤
立体規則性	アイソタクテック	R R R R R │ │ │ │ │ ─┴─┴─┴─┴─┴─ 　│ │ │ │ │ 　H H H H H
	シンジオタクテック	R H R H R 　│ │ │ │ │ ─┴─┴─┴─┴─┴─ 　│ │ │ │ │ 　H R H R H
	アタクテック	R H H R H 　│ │ │ │ │ ─┴─┴─┴─┴─┴─ 　│ │ │ │ │ 　H H H R R

2.5 成形材料の作り方

　ポリマー（以下素材という）をそのまま成形材料に使用することは少なく、通常は成形加工性、製品の要求性能（強度、寸法、外観、機能）などの要求に合わせて配合剤を加えて改質しています。

　配合剤を加える方法としては次の2つがあります。

① 素材と配合剤を混練して成形材料（ペレット）にする方法
　この工程をコンパウンディングと言います。同工程で作られたものが成形材料（コンパウンド）です。成形材料としては添加剤を加えた材料、着色剤を加えた材料、充填材を加えた材料（強化材料）、他の樹脂とブレンドした材料（ポリマーアロイ）材料などがあります。
② 素材と配合剤をブレンドしてそのまま成形する方法
　押出成形ではこのような材料で成形することが多いです。

2.5.1 配合剤

要求特性に応じて改質するためポリマーに加える副資材を総称して配合剤といいます。配合剤としては添加剤、着色剤、充填材などがあります。**表2.5-1**に配合剤の種類と配合目的を示します。

表2.5-1　主なプラスチック配合剤

分類		種類	主な配合目的
添加剤		酸化防止剤	成形時、高温使用の熱劣化防止
		熱安定剤	PVCなどの熱分解防止
		光安定剤（紫外線吸収剤、HALS）	紫外線による劣化防止
		帯電防止剤	静電気の防止
		可塑剤	流動性改良、軟質化
		滑剤	樹脂同士の滑り性改良、離型性の改良
		難燃剤	燃えにくくする
		核剤	結晶化速度を速める
		潤滑剤	成形品表面の滑り性をよくする
		相溶化剤	ポリマーアロイの相溶性改良
着色剤		染料	透明着色
		無機顔料	光隠蔽性
		有機顔料	艶やかな色相
充填材	強化材	ガラス繊維	強度・剛性、寸法安定性向上
		カーボン繊維	強度・剛性、寸法安定性向上、導電性付与
	充填材	マイカ、炭酸カルシウム、タルク	寸法安定性、等方向成形収縮率、そり防止
アロイ樹脂		各種プラスチック	流動性、耐熱性、耐衝撃性などの改良

2.5.2 コンパウンディング

一般的なコンパウンディング工程を**図2.5-1**に示します。

同図のように、先ず、素材（ポリマー）と配合剤を予備混合します。混合物を単軸押出機または2軸押出機のホッパーから供給し、溶融混練してダイから円形断面のひも状にして押し出します。このひも状のものをストランドといいます。ストランドを空冷または水冷で固化させたのち、ペレタイザーでペレット形状にカッテングします。このようにしてペレットを作る方法をコールドカット法といいます。一方、ダイから押し出されたのち溶融状態でカッテングする方法をホットカット法といいます。一般的にコールドカット法のペレットは円柱状ですが、ホットカット法ペレットは球状をしています。**写真2.5-1**に両ペレットの形状を示します。

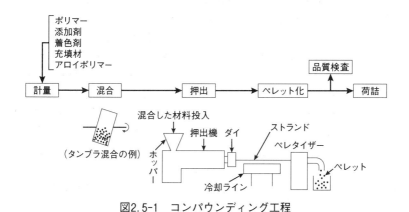

図2.5-1　コンパウンディング工程

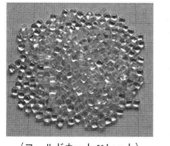

（コールドカットペレット）　　（ホットカットペレット）

写真2.5-1　ペレット形状

なお、配合剤の一部を、押出機シリンダの途中に設けられた供給口から供給するサイドフィード方式もあります。

ペレットの品質検査は、ペレットサンプルを抜き取りでサンプリングして外観、異物などの検査や試験片を射出成形して、必要な性能を測定・検査します。

2.6 各種成形材料

2.6.1 着色材料

プラスチックの着色剤としては染料、無機顔料、有機顔料などがあります。要求される色相によって、これらの着色剤を適切な比率で配合して調色します。染料は樹脂中に溶解し着色されるので、PMMA、PS、PCなどの透明材料の着色に用いられます。無機顔料は光の隠蔽性があるので、不透明の着色品に使用されます。また、耐熱性、耐候性、耐移行性などが優れているため、プラスチックの着色に幅広く使用されています。代表的な無機顔料にはチタンホワイト(酸化チタン)、カーボンブラックなどがあります。有機顔料は種類も多く、色相域も広く、一般に鮮明で着色力があるため有彩色の主顔料として使われています。アニリンブラック、フタロシアニン系、アントラキノン系などがあります。

一般的に着色材料はコンパウンディングによって製造されます。着色手順としては、試作用の押出機を用いて色見本に色合わせて着色剤の配合を決めます。この配合処方（レシピ）をもとにコンパウンディングして成形材料を作ります。この方法で作られたものは着色ペレット（カラードペレット）と呼ばれます。

一方、着色ペレットを用いることなく成形現場で着色する方法もあります。主な方法を**表2.6-1**に示します。これらの方法では、色むらや色相ばらつきを起こしやすいので注意しなければなりません。

表2.6-1 成形現場における着色法

方　法	内　容
マスターバッチ法	高濃度に着色剤を含むマスターバッチペレットを適切な比率で自然色材料*に混合して成形する方法
ドライカラー法	顔料と分散剤を混ぜた粉末状着色剤を自然色材料*に混合して成形する方法
液状カラー法 （リキッドカラー法）	顔料に高沸点有機溶剤および分散剤を混ぜた液状着色剤を成形機スクリュ部に直接供給して成形する方法

＊自然色とは着色剤を加えない材料をいう。

2.6.2 添加剤による成形材料

　コンパウンディングによって添加剤を配合します。プラスチックに共通的に添加するものとしては酸化防止剤があります。プラスチックは熱と酸素の影響で熱分解する性質があります。熱分解を防止するために加えるのが酸化防止剤です。酸化防止剤の添加目的は次の通りです。
① 成形温度での熱分解を防止する。
② 高温で長時間使用する際の熱劣化を防止する。

　それぞれのプラスチックの熱分解性に合わせて最適な酸化防止剤を添加しています。

　酸化防止剤には、一次酸化防止剤(ラジカル連鎖停止剤)と二次酸化防止剤(過酸化物分解剤)があります。一次酸化防止剤にはフェノール系酸化防止剤、アミン系酸化防止剤などがあります。二次酸化防止剤としてはイオウ系やりん系酸化防止剤があります。通常は一次酸化防止剤と二次酸化防止剤を組み合わせて添加します。

　次に、製品の要求性能によって添加剤を配合する例を説明します。

・耐紫外線または耐候性改良材料

　光照射による劣化を防止するために添加するのが光安定剤です。光安定剤には紫外線吸収剤とヒンダードアミン系光安定剤があります。後者の添加剤は略して HALS (HinderdAmine Light Stabilizer) といいます。紫外線劣化防止剤は太陽光線、蛍光灯、水銀灯などから発する紫外線によってプラスチックが劣化(紫外線分解)するのを防止するために添加します。紫外線吸収剤としては、ベンゾフェノン系、ベンゾトリアゾール系などがあります。また、HALS は紫外線による分解がさらに進行しないように分解物を補足して分解を止める作用があります。紫外線劣化を防止するには紫外線吸収剤と HALS を併用するケースがあります。

・難燃材料

　プラスチックは、火源を当てると燃えるものが多いです。電機・電子、建材、車両などの用途では、火災に対する安全性向上から、難燃剤を添加して難燃化する方法がとられます。添加型難燃剤は有機系難燃剤と無機系難燃剤に分けられます。有機系難燃剤としてはハロゲン系、りん系、窒素系、シリコーン系などがあります。無機系難燃剤としては水酸化アルミニウム、三酸化アンチモン、ホウ素化合物などがあります。

　最近では、環境対応からハロゲン系難燃剤の使用量は減る傾向にあります。

・帯電防止材料

　静電気の発生を防止するために帯電防止剤を添加します。帯電防止剤は成形品表面にブリードして、表面で親水基を外に分子配列して親水被膜を形成します。この親水基が空気中の湿気（水分）を吸着し、表面の電気伝導性を高めることによって静電気を漏洩させるものです。帯電防止剤としては界面活性剤系が多く使用されています。界面活性剤系帯電防止剤は表面にブリードしやすいので、水洗・清掃によって消失されやすく、帯電防止寿命が短いという難点があります。この難点を解決するため高分子系帯電防止剤が開発されています。高分子系帯電防止剤としては、ポリエチレンオキシド、ポリエーテルエステルアミド、ポリエーテルアミドイミドなどがあります。

2.6.3　充填材による強化材料

　強化材料もコンパウンディングによって製造されます。充填材には**表2.6-2**に示すように、いろいろな性状のものがあるのでコンパウンディングに当たって種々の工夫がなされています。

　さて、プラスチックの機械的性質の弱点としては強度や弾性率が低く、しかも温度上昇とともに低下することが挙げられます。また、寸法特性ではクリープ変形が大きいこと、線膨張係数が大きいこと、吸水による寸法変化が大きいことなどがあります。これらの弱点を解消するため充填材を充填した強化材料が開発されています。

　ガラス繊維やカーボン繊維のような繊維強化材を充填すると、機械的特性や寸法特性が大幅に改良されます。強化材の充填率は10〜30質量％程度が一般的ですが、60質量％以上のものもあります。マイカ、炭酸カルシウムなどの無機

表2.6-2　充填材の性状

形　状	代表例
繊維状	ガラス繊維、カーボン繊維
板　状	マイカ、タルク
球　状	ガラスビーズ、シラスバルーン
針　状	チタン酸カリウム、ウォラストナイト
粉末状	炭酸カルシウム、シリカ
その他	テトラポット状酸化亜鉛

充填剤を充填すると機械的特性はあまり改良されないですが寸法特性は改良されます。機械的特性と寸法特性の両方を改良するため、繊維強化材と充填剤を適切な混合比率で充填した材料もあります。

2.6.4 ポリマーアロイ

ポリマーアロイは学問的には「高分子多成分系ポリマー」とされていますが、実用的には2種以上のプラスチックを混ぜた材料と言えます。ポリマーアロイ材料もコンパウンディングによって作られます。

それぞれのプラスチックには長所と短所があります。そのため、あるプラスチックの短所を改良するために他のプラスチックをブレンドする方法がとられます。多種類のプラスチックを混ぜることもあります。混ぜられたプラスチックのミクロ分散構造をモルフォロジーといいます。ポリマーアロイによる改良効果はモルフォロジーによって左右されます。プラスチックの組み合わせによっては、混ざりにくいものもあります。混ざりにくいプラスチック同士を混ざり合うようにする添加剤が相溶化剤です。コンパウンディング工程でモルフォロジーを最適化するため溶融粘度、相溶化剤、押出機スクリュ形状、押出条件などで種々の工夫がなされています。**表2.6-3**にポリマーアロイによる改良特性の例を示します。

表2.6-3 ポリマーアロイ材料と改良特性
（アンダーラインのプラスチックを改良）

	改良特性				
	衝撃強度	耐熱性	耐薬品性	流動性	ガスバリヤー性
PPE/PS-HI	○			○	
PPE/PA		○	○	○	
PC/ABS				○	
PC/PBT			○	○	
PA/PAMXD6					○
PP/EPDM	○				
POM/TPU	○				

PS-HI：ハイ・インパクト・ポリスレン　　EPDM：エチレン・プロピレン・ラバー
TPU：熱可塑性ポリウレタン

3 熱硬化性プラスチック

3.1 熱硬化性プラスチックとは

　熱硬化性プラスチックは加熱すると固まり、一旦固まると、再び加熱しても溶融しないので「ビスケット型」とも呼ばれます。

　熱硬化性プラスチック成形品の作り方にはいろいろありますが、圧縮成形、トランスファー成形、射出成形などの成形材料を例にして**表3.1-1**に示します。

　まず、プレポリマーと呼ばれる低分子量の線状ポリマーを作ります。プレポリマーに硬化剤（架橋剤ともいう）を混ぜ、必要に応じて着色剤や充填材を加えて成形材料を作ります。成形工程で加熱するとプレポリマー分子間に硬化剤が反応して橋かけ構造（架橋構造）になります。分子間に橋が架かった構造ですので網状ポリマーとも呼ばれています。再度加熱しても溶融しない理由は、架橋構造になっているからです。加熱して架橋構造にして固まらせることを硬化（キュアリング）といいます。なお、プレポリマーに充填材を混ぜたものをプレミックスといい、液状プレポリマーをクロスやマットに含浸させたものをプレプレグといいます。

表3.1-1　熱硬化性プラスチックの成形までの工程

工程	内容	分子の形態
プレポリマー	低分子量の線状ポリマーを作る（粉末状、液状）	
成形材料	プレポリマーに硬化剤を混ぜ、必要に応じて着色剤、充填材を混合する	同上
成形	成形材料を加熱して硬化反応を起こさせて網状ポリマーにする	架橋

3.2 熱硬化性プラスチックの種類

熱硬化性プラスチックには表3.2-1に示す種類があります。

表3.2-1 主な熱硬化性プラスチックと略語

化学名	略語
フェノール樹脂	PF
エポキシ樹脂	EP
ユリヤ樹脂（尿素樹脂）	UF
メラミン樹脂	MF
ジアリルフタレート樹脂	PDAP
不飽和ポリエステル	UP
ポリイミド（熱硬化タイプ）	PI
シリコーン樹脂	SI
ポリウレタン	PUR

3.3 熱硬化性プラスチックの性質

基本的に熱硬化性プラスチックは網状構造になっています。そのため前述の熱可塑性プラスチックとは特性が異なります。

成形過程においてプレポリマーのすべての全構成分子間で架橋反応しているわけではありません。従って、成形品の性能は架橋度（または架橋密度）によって変化し、架橋度が高くなるほど機械的強度は向上します。架橋度は硬化剤（架橋剤）の種類、型内での加熱温度や加熱時間などによっても変わります。また、成形材料としては充填材を充填した材料を使用するのが一般的です。熱可塑性プラスチックのように共通的特性として説明することは困難ですが、概略的特性は次の通りです。

① 成形品としては粘弾性を殆ど示さない。
② ガラス転移温度、結晶融点などは存在しない。
③ 温度上昇とともにポリマー分子の熱運動は活発になるので、強度・剛性

は徐々に低下します。しかし、熱可塑性プラスチックのように転移温度を境に急に低下することはない。
④ 成形時においては硬化に基づく収縮と型温と室温の温度差に基づく熱収縮に基づく成形収縮が起きる。

実用的には、次の点を留意しなければなりません。
① 再溶融できないので、リサイクルが困難である。
② 成形時の硬化反応に時間を要するため、熱可塑性プラスチックに比べて成形サイクルが長い。
③ 仕上げ加工が必要である。

3.4 成形材料と成形法

熱可塑性プラスチックのようにポリマーと成形材料の明確な区別はありません。熱硬化性プラスチックの成形材料は種類や適用する成形法によっても異なります。前述のように、一般的には各種化学原料を反応させてプレポリマーを作ります。次に、硬化剤（架橋剤）や各種配合剤を混ぜた成形材料を用い、成形工程で硬化させて成形品を作ります。材料によっては、プレポリマーを経ることなく、2種以上の化学原料を直接反応させて成形品を作ることもあります。

3.4.1 成形材料

プレポリマーは**表2.4-1**に示した付加縮合または重付加法によって作られます。例えば、フェノール樹脂の場合は、フェノールとホルムアルデヒドを用いて付加縮合によってプレポリマーを作ります。

成形材料としては、プレポリマーと硬化剤、必要に応じて着色剤、充填材、潤滑剤、難燃剤などの配合剤を加えます。

2.4.2 成形材料と成形法

熱可塑性プラスチックとは違い、熱硬化性プラスチックは成形法によって成形材料の性状や形態は異なるので複雑ですが、**表3.4-1**に成形材料と成形法の概略を示します。

表3.4-1 成形材料と成形法

成形材料	適用樹脂例	成形法
プレポリマー（粉体状）、硬化剤、配合剤などを混ぜた成形材料を型内で加熱・硬化して成形品を作る。	PF、MF、UP、PDAPなど	圧縮成形 トランスファー成形 射出成形
硬化剤を含んだプレポリマー（液状）を繊維クロス、マットなどの強化材に含浸し、これを積層して加熱プレスして積層板を作る。	PF、MF、UF、EP、UP、PDAPなど	積層成形
プレポリマー（硬化剤を含む）をガラス繊維などと一緒に型面に塗布または吹付けて硬化させて成形品を作る。	UP	ハンドレイアップ成形 スプレイアップ成形
連続ガラス繊維にプレポリマー（硬化剤を含む）を含浸させながら硬化させて成形品を作る。	UP	引き抜き成形 フィラメントワインディング
プレポリマー、硬化剤、配合剤などを混合した塊状物（BMC）を型内で賦形・加熱・硬化させて成形品を作る。	UP	MMD 射出成形 射出圧縮成形
連続ガラス繊維シートにプレポリマー（硬化剤を含む）を含浸してシート状にする（SMC）。これを金型でプレスして賦形し加熱・硬化して成形品を作る。	UP	MMD
2成分以上の液状原料を計量混合し型内に射出し、型内で反応・硬化させる。	PUR	RIM
マット、クロスなどの強化材を型内にセットし2成分以上の液状原料を計量混合し型内に流し込み反応・硬化させる。	PUR EP	RTM
2液の液状原料と触媒、硬化剤などを混合して型内に射出して反応・硬化させて成形品を作る。	SI	LIM
液状プレポリマー（硬化剤を含む）または2液原料を注型して硬化させる。	EP SI	注型成形法

BMC：Bulk Molding Compound
SMC：Sheet Molding Compound
MMD：Matched Metal Die
RIM：Reaction Injection Molding
RTM：Resin Transfer Molding
LIM：Liquid Injection Molding

4 プラスチックの種類と特徴、用途

4.1 熱可塑性プラスチック

4.1.1 汎用プラスチック

・ポリエチレン (PE)

　ポリエチレンはエチレンを原料として作られた樹脂です。ポリエチレンにはいろいろ種類があります。ポリエチレンの種類の分け方としては、以下の2つの考え方があります。

　1つは、密度による分類です。**表**4.1-1に示すように、ポリエチレンは密度によって、低密度、中密度、高密度の3種類があります。2つは、重合反応の圧力によって、高圧法、中圧法、低圧法の3種類があります。**図**4.1-1に示すように、製造法によって、分子の構造が異なります。高圧法のPEは、図のように短い鎖や長い鎖の枝わかれをしております。このため分子のかさばりが

表4.1-1　密度によるポリエチレンの分類[※]

名　　称	密度範囲 (g/cm³)	
	JIS K 6748-1981	ASTM D 1248-84
低密度ポリエチレン	0.910～0.929	0.910～0.925
中密度ポリエチレン	0.930～0.941	0.926～0.940
高密度ポリエチレン	0.942～	0.941～

※ISO整合のJIS K 6922では、密度コードで表示するように改定されている。

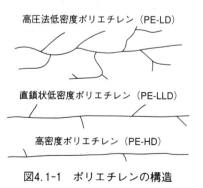

図4.1-1　ポリエチレンの構造

大きくなるため、密度は低くなります。高圧法低密度 PE と呼ばれます。中圧法では、高圧法より枝わかれは少なく、中密度 PE と呼ばれます。低圧法では、図から分かるように、高密度 PE となります。

上記のように、基本的な性質は同じですが、詳細に見ると低密度 PE と高密度 PE では性質は異なり、それに対応して使用分野も若干異なっています。

低密度 PE の特長は以下の通りです。
① 比重は0.92-0.93で、結晶化度も60％程度と低い。
② 衝撃強度は高く耐寒性も良好である。
③ 耐水性、耐薬品性に優れ、水蒸気、酸素などの透過性は低い。
④ 電気的特性は優れている。
⑤ フィルムは透明性があり、強度は高密度 PE より高い。

高密度 PE の特長は以下の通りです。
① 比重は0.94-0.96で、結晶化度は90％程度と高い
② 強度・弾性率は高い。
③ 耐水性、耐薬品性は優れ、水蒸気、酸素などの透過性は低い。
④ 電気特性は優れている。
⑤ フィルムは半透明である。

性能上の注意点としては、紫外線劣化しやすいこと、接着性や印刷性が良くないことなどです。

PE の成形方法としては、射出成形、押出成形、ブロー成形、熱成形、回転成形などを応用できるので、幅広い用途に使用されています。

代表的な用途は以下の通りです。
射出成形用途：コンテナ、バケツ、文具
ブロー成形用途：洗剤、食品、灯油等の容器
フィルム：食品、農業、土木建築など
その他：電線被覆、パイプなど

・ポリプロピレン（PP）

基本的には、PP はプロピレンを反応して作られますが、触媒、共重合、重合法などによって、かなり幅広い特性の PP が作られています。その特長は以下の通りです。
① 比重は0.9であり、プラスチックの中では最も低い部類に属する。
② 結晶化度は40～70％と高いので、強度・弾性率は高い。
③ 常温での衝撃強度は高い。

④ 耐摩耗性、耐熱性、耐水性、耐薬品性などの特性は優れている。
⑤ 水分、酸素透過性は低い。
　一方、性能上の注意点としては、耐寒性が低いこと（対応グレードあり）、耐紫外線性が良くないこと、印刷、接着性が良くないことなどです。
　一方、PE と同様に、いろいろな成形方法を利用できるので、射出成形品、フィルム、モノフィラメント、繊維、押出品、ブロー品などいろいろな分野に応用されています。
　代表的な用途は以下の通りです。
　射出成形用途：冷蔵庫のトレイ、洗濯機の水槽、TV のバックカバー、コンテナー、自動車バンパー
　フィルム用途：スナック菓子、インスタント食品、マヨネーズなどの包装用
　延　伸　用　途：ロープ、人工芝
　繊　維　用　途：カーペット、フィルター
　押　出　用　途：惣菜、弁当のトレイ、ストロー、ダンボール

・**ポリ塩化ビニル（PVC）**
　PVC は塩化ビニルを反応させた非晶性プラスチックです。一般には、塩ビと呼ばれることもあります。PVC 自身は熱安定性、成形性などに難点がありましたが、熱安定剤、可塑剤などの添加剤を加えることによって、特性を改良しています。基本的な特性は以下の通りです。
① 透明性が優れている。
② 耐薬品性がよい。
③ 難燃性である。
④ 軟質から硬質まで幅広く改質できる。
⑤ 押出加工性が優れている。
⑥ 高周波溶着性がよい。
　性能上の注意点としては、熱分解すると塩素系ガスが発生すること、可塑剤を含むグレードについては相手材へ移行する可能性があること、廃棄する際に環境対策を要することなどです。
　用途については、射出成形以外に、特に押出加工性が優れていることからフィルム、シート、パイプなど、いろいろな用途に使われております。
　軟質製品：農業用フィルム、壁紙用レザー、車両用レザー
　　　　　　押出品（ガスケット、ホース、チューブ）
　硬質製品：パイプ、継手、波板、平板、フィルム、シート、建材サッシ

・ポリスチレン（PS）・AS 樹脂

PSはスチレンを原料としたプラスチックです。PSには、主に3種類があります。

ポリスチレンのみのプラスチックは、一般に GPPS と呼ばれ、次のような特性を持っています。

① 透明である。
② 吸水率は低く、寸法安定性が優れている。
③ 着色性が良い。
④ 耐衝撃性は良くない。
⑤ 耐油、耐溶剤性は良くない。

用途としては、カセットケース、食品容器、家庭用品などに使用されています。ゴム成分を加えたものはハイインパクトポリスチレン（HIPS）と呼ばれており、次の特性があります。

① 不透明である。
② 衝撃強度は高い。
③ 耐油、耐溶剤性は良くない。
④ 耐紫外線性は良くない。

用途としては、テレビ、エアコンなどのハウジング、事務機器、食品容器などに使用されています。やや概念が異なりますが、PS に発泡材を添加した発泡ポリスチレン（FS）があります。発泡ポリスチレンは、軽量化、クッション性、断熱性などが優れ、かつ真空成形性もよいことから容器類、その他に多用されています。例えば、用途としては、食品トレイ、ランチボックス、カップ、断熱材などに使用されています。

AS 樹脂は、スチレンとアクリロニトリルを共重合した樹脂です。AS 樹脂は、PS の性質を改良した樹脂として用いる場合と次項でのべる ABS の原料として用いる場合があります。

AS 樹脂は、透明性に優れ、PS に比較すると

① 強度・弾性率が高い。
② 耐薬品性が優れている。

などの特長があります。このような特性を利用して、バッテリケース、扇風機の羽根、カセットテープのハウジング、ランプカバー、メータカバー、文房具などに使用されています。

・ABS 樹脂

ABS 樹脂は、アクリロニトリル（AN）、ブタジエン（BD）、スチレン（ST）

の頭文字をとって名づけたものです。実際には上述の AS 樹脂にゴム成分であるポリブタジエンを加えた材料 (ポリマーアロイ) です。ABS の製法はいろいろありますが、基本的には AS の海の中に、ブタジエンが島 (小さい粒子) となって存在するように工夫されています (相容化技術)。このようにゴム成分であるポリブタジエンが小さな粒子になって存在すると、衝撃強度が高くなります。この理由は、衝撃で破壊するときに、ゴム成分のところで、衝撃エネルギを吸収するためです。

ABS の性質は、AS の強度・剛性や耐薬品性、PS の成形性、表面外観、ポリブタジエンの耐衝撃性など、それぞれの特長を合わせもつ、物性バランスのとれた樹脂です。

性能上注意すべき点としては、耐候性が良くないこと、燃えやすいことなどです。
以下の用途に使用されています。
　自動車用途 (インストルメントパネル、ランプカバー)
　電気機器用途 (エアコン部品、テレビ・ラジオ・テープレコーダーなどのハウジング、掃除機ハウジング)
　雑貨 (アタッシュケース、魔法瓶、便座)

・**メタクリル樹脂 (PMMA)**

PMMA は、メタクリル酸メチルを反応させて作ります。PMMA の特徴は以下の通りです。
① 透明性に優れ、光学的性質に優れている。
② 耐候性が優れている。
③ 外観、表面光沢がきれいである。
④ 表面硬度 (耐擦傷性) が優れている。
⑤ シートは熱加工性がよい。

このような特長から、射出成形以外のシートの用途でも無機ガラスの代替や装飾用途にも使用されています。

性能上で注意すべき点としては、燃えやすいこと、吸水しやすいことなどです。

さて、射出成形用途では、優れた透明性を活かし、以下の用途に使用されています。
　　自動車用途 (テールランプレンズ、メータカバー、リヤパネルなど)
　　家電、機械用途 (カバー類、銘板、レンズ、照明カバー)
一方、シートについては、メタクリル酸メチルから直接シートをつくる方法

（モノマーキャスト法）やPMMAを押出機でシートの形にする方法（押出法）があります。モノマーキャスト法では、分子量の高いシートが得られますので、強度的に優れているという特長があります。例えば、軍用航空機の風防ガラスに使用されています。押出法シートも含め、以下の用途に使用されています。

　　看板、ディスプレイ
　　建材（腰板、カーポート屋根、サンルーフ）
　　電気・工業用途（照明カバー、自販機のカバー）

・その他のプラスチック

　汎用プラスチックとしては、ポリメチルペンテン、アイオノマー、ポリ塩化ビニリデン、ポリビニルアルコール、セルロース系プラスチックなどがあります。これらの樹脂の特長、代表的用途などを**表4.1-2**に示します。

表4.1-2　その他の汎用プラスチック

プラスチック名	原料（モノマー）	特徴	用途
ポリメチルペンテン	4-メチルペンテン-1	1）透明である。 2）比重が小さい　(0.83) 3）高融点である。 4）表面張力が低い 5）誘電率が低い	・医療器具 ・理化器具（メスシリンダー、シャーレ） ・電子レンジトレイ
アイオノマー（エチレン系アイオノマー）	エチレンと不飽和カルボン酸	1）透明で、金属などへの接着性良。 2）耐摩耗性がよい。 3）ヒートシール性がよい。	・食品フィルム ・ゴルフボールの外皮 ・スキー靴
ポリ塩化ビニリデン	塩化ビニリデン	1）気体透過性が低い。 2）透明である。 3）不燃である。 4）耐薬品性がよい。	・食品包装 ・ラップフィルム ・不燃繊維
ポリビニルアルコール	エチレン酢酸ビニル	1）ガスバリヤー性がよい。 2）帯電しにくい。 3）透明である。 4）印刷性がよい	・ホース ・サンダル ・人工芝やマット
セルロース系プラスチック	セルロース誘導体	1）衝撃強度が高い。 2）寸法安定性がよい。 3）耐薬品性がよい。 4）耐候性がよい。	・フィルム ・文具、玩具 ・自動車ハンドル

4.1.2 エンジニアリングプラスチック（略称：エンプラ）

耐熱性が100℃以上、強度が50MPa以上のプラスチックをエンジニアグプラスチックと称し、工業部品を中心に使用されています。別名では、高機能樹脂、工業用プラスチック、特殊プラスチックなどともよばれることがあります。また、エンジニアリングプラスチックの中でも、150℃以上の高温に耐えるプラスチックは、耐熱エンプラまたはスーパーエンプラと称しています。

(1) 汎用エンプラ

a．ポリアミド（PA）

PAは、別名ナイロンとも呼ばれる結晶性プラスチックです。PAは、原料（モノマー）によって、いろいろな種類があります。表4.1-3に主なPAの種類をまとめました。その他、コポリマータイプの高耐熱、高強度のPAもあります。これらの中で、最も多く使用されているのはPA 6とPA66です。

PAは、種類によって、耐熱性や強度は異なりますが、PA 6やPA66を中心に、基本的な特長は以下の通りです。

① 強度・弾性率は高い。
② 疲労強度は高い。

表4.1-3 データブロック1のホモポリアミド材料の化学構造を示す記号

記号	名称と化学構造	
PA 6	ポリアミド6	ε-カプロラクタムからのホモポリマー
PA 66	ポリアミド66	ヘキサメチレンジアミンとアジピン酸からのホモポリマー
PA 69	ポリアミド69	ヘキサメチレンジアミンとアゼライン酸からのホモポリマー
PA 610	ポリアミド610	ヘキサメチレンジアミンとセバシン酸からのホモポリマー
PA 612	ポリアミド612	ヘキサメチレンジアミンとドデカン二酸[1]からのホモポリマー
PA 11	ポリアミド11	11-アミノウンデカン酸からのホモポリマー
PA 12	ポリアミド12	ω-アミノドデカン酸又はラウロラクタムからのホモポリマー
PA MXD6	ポリアミドMXD6	m-キシリレンジアミンとアジピン酸からのホモポリマー
PA 46	ポリアミド46	テトラメチレンジアミンとアジピン酸からのホモポリマー
PA 1212	ポリアミド1212	ドデカンジアミンとドデカン二酸[1]からのホモポリマー

注1）1,10-デカンジカルボン酸　　　　　　　　　　　　　　JIS K 6920-1

③　耐油性、耐溶剤性などの耐薬品性は優れている。
　④　摩擦摩耗性が優れている。自己潤滑性である。
　⑤　ガラス繊維、その他にフィラーとの接着性がよいため、充填することによって、大幅に性能を向上できる。
　⑥　水分やガスの透過性が少ないため、食品包装フィルム用途にも適している。
　一方、使用上の注意点としては、以下のことがあります。
　①　吸水しやすく、吸水により強度・寸法が変化し易い。
　②　耐候性は良くない。
以上のような特長を利用し、射出成形用途、押出用途などに幅広く使用されています。

・射出成形用途
　　自動車部品：インテークマニホールド、ラジエータタンク、ガソリンタンク
　　機械部品：自転車リム、電動工具ハウジング、食器洗浄機パーツ
　　電気部品：コイルボビン、ケーブル締め具

・押出用途
　　釣り糸や魚網（モノフィラメント）、食品包装フィルム、パイプ、チューブ

b．ポリアセタール（POM）
　POMは、別名ポリオキシメチレンとよばれることがあります。原料は主として、ホルマリン（ホルムアルデヒド）から作られます。
　POMには、ホモポリマータイプとコポリマータイプがあります。コポリマーに比較して、ホモポリマーは結晶化度は高いため、強度・弾性率は高いですが、成形時の熱安定性はコポリマーの方がすぐれています。このように両タイプは若干特性は異なりますが、基本的には次の特長をもっています。
　①　自己潤滑性であり、摩擦摩耗性が優れている。
　②　寸法安定性が良い。
　③　耐疲労性が優れている。
　④　耐油性、耐溶剤性が優れている。
一方、使用上の注意点としては、以下のことがあります。
　①　燃えやすい。
　②　耐酸性は良くない。
　③　耐候性は良くない。
上述のような特性を利用し、以下の用途に使用されています。

- 機械・建材用途：歯車、カム、戸車、文字車、ポンプ羽根
- 自動車：ワイパギヤー、燃料フィルタケース、インナハンドル、キャブレータ部品
- 雑貨：ファスナー、ハトメホック、玩具歯車、エヤゾール容器

c．ポリカーボネート（PC）

PCは、ビスフェノールAから作られた非晶性プラスチックです。
PCの特長は以下の通りです。
① 透明である。
② 衝撃強度が高い。
③ 耐熱性が優れている。
④ 寸法安定性、寸法精度が優れている。
⑤ 自己消火性である。
⑥ 耐候性がよい。

一方、使用上注意すべき点は以下の通りです。
① 耐温水性、耐薬品性、耐溶剤性などの耐薬品性は良くない。
② 疲労強度が低い。

上述の特性を活かして、以下のような用途に使用されています。
- 光学的用途：CDやDVDの基板、メガネレンズ、カメラ光学レンズ
- 自動車用途：ヘッドランプレンズ、アウタハンドル
- 電気・電子：携帯電話ハウジングやバッテリパックケース
- シート用途：カーポート屋根、高速道路フェンス、温室材、波板

d．変性ポリフェニレンエーテル（mPPE）

PPEは2,6-ジメチルキシレノールという原料から作られます。PPE単独では、成形性が良くないため、他のプラスチックとアロイにして使用されます。このようにアロイ化した成形材料を変性PPE（mPPE）と称しています。

PPEとアロイにするプラスチックとしては、PS（HIPS）、PA、ポリオレフィンなどがあり、それぞれ特性もかなり違いますが、PSとのアロイ品が最も多く使用されています。ここでは、PPE／HIPSアロイについてその特長と用途を述べます。
① アロイ材の配合比率によって、耐熱性と流動性を調整できる。
② 難燃化しやすい。
③ 寸法安定性、寸法精度が優れている。
④ 耐温水性、耐酸性、耐アルカリ性などが優れている。

一方、使用上注意すべき点は、以下の通りです。
① 耐油性、耐溶剤性は良くない。
② 耐候性はよくない。

次の用途に使用されています。
OA 用途：LBP シャーシ、ファクシミリハウジング、複写機ハウジング
電子・電気用途：アダプタケース、端子類
自動車用途：コネクター、ホィールカバー、インストルメントパネル

e．ポリブチレンテレフタレート（PBT）

PBT はテレフタル酸と1.4ブタンジオールから作られます。

PBT 単独では射出成形品としてはそれほど特長がないので、ガラス繊維で強化したタイプが成形材料として使用されています。一般に PBT というと、ガラス繊維で強化した材料を意味します。ただ、強化していない PBT はフィルムなどの押出用途に使用することはあります。

さて、成形材料としての PBT の特長は以下の通りです。
① 強度・弾性率が高い。
② 耐熱性が優れている。
③ 難燃化し易い。
④ 寸法安定性が優れている。
⑤ 耐油性、耐溶剤性がよい。
⑥ 電気的特性（耐アーク、耐トラッキング性）がよい。

一方、使用上の注意としては、ガラス繊維を充填した材料であるので、ウエルド強度、金型やスクリューの摩耗に対する配慮が必要です。

用途は以下の通りです。
・自動車用途：イグニッションコイルカバー、アクチュエータケース、イグニッションコイルカバー、コネクター
・電気・電子用途：蛍光灯部品、コンセント部品、リレー部品、コネクター

f．ポリエチレンテレフタレート（PET）

PET は、テレフタル酸とエチレングリコールから作られます。

PET の大半は、繊維、フィルム、ボトルなどに使用されます。成形材料に使用されるのは、PET 全体の3％程度です。しかも、PET は射出成形品としては特長がないので、PBT 同様に、ガラス繊維で強化した材料が使用されています。ガラス繊維で強化した材料は、一般に GRPET または FRPET と称しています。

GRPETの特長は、以下の通りです。
① 強度・弾性率が高い。
② 耐熱性がよい。
③ 難燃化し易い。

一方、使用上では、PBTの場合と同じですが、PBTより結晶化速度が遅いので、金型温度を高温にしなければならないことの注意が必要です。

用途は以下の通りです。
　　電気用途：電子レンジ部品、コイルボビン、コンデンサケース、アイロン
　　　　　　　断熱板、ホットプレート部品

(2) スーパーエンプラ

a．ポリフェニレンスルフィド (PPS)

p‐ジクロルベンゼンを主原料とする結晶性プラスチックです。分子の中にS（硫黄）を含んでいることも特徴です。このプラスチックは、分子量の高いポリマーを作りにくいので、ある程度の分子量にして、加熱すると、分子同士がつながる（分岐結合）ことによって、分子量が高くなります。これを分岐型PPSと呼んでいます（架橋型とも呼ばれている）。一方最近では、重合技術の進歩により、成形品として実用的強度を保持するレベルの分子量のものが得られるようになりました。これを直鎖型PPS（リニアー型）と言います。分岐型PPSに比較して、直鎖型PPSは、荷重たわみ温度は低いが、流動性や衝撃強度は高いという特徴があります。

PPSの特長は、以下の通りです。
① 荷重たわみ温度は260℃と、耐熱性が優れている。
② 強度・剛性が高い。
③ 耐薬品性、耐水性が優れている。
④ 不燃性である。
⑤ 耐摩耗性、電気特性が優れている

これらの特性を活かし、以下の用途に使用されています。
　　自動車用途：バルブ、キャブレター部品、ディストリビュータ部品
　　機械用途：歯車、ピストンリング
　　電気用途：コネクタ、スイッチ類
　　化学機械：ポンプハウジング、ポンプ羽根

b．ポリスルホン (PSU)

PSUはビスフェノールAと4.4'ジクロロフェニルスルホンを主原料とする

非晶性プラスチックです。特長は以下の通りです。
- ① 透明である。
- ② 耐熱性が高く、難燃性である。
- ③ 耐酸性、耐アルカリ性が優れている。
- ④ 耐温水性がよい。

用途は、以下の通りです。
　　自動車：ヒューズボックス、バッテリケース、ランプ部品
　　電気・電子用途：IC コネクター、ソケット、プリント基板
　　その他：コーヒーメーカー部品

c．ポリアリレート (PAR)

　PAR にはいろいろな種類がありますが、一般に使用されているのは、ビスフェノール A とテレ／イソ混合フタル酸から作った非晶性プラスチックです。
　PAR の特長は以下の通りです。
- ① 強度・剛性が高い。特にクリープ特性がよい。
- ② 耐熱性が優れている。
- ③ 難燃性である。
- ④ 透明である。
- ⑤ 耐候性がよい。

　このような特長を利用し、以下の用途に使用されています。
　　電気・電子用途：スライダスイッチ、
　　自動車：フォッグランプレンズ
　　食品・医療：目薬容器、食品容器（高温充填用）

d．液晶ポリエステル (LCP)

　LCP は、p－ヒドキシ安息香酸又は p－アセトキシ安息香酸などを主原料として作られたプラスチックです。

　他の熱可塑性プラスチックに比較して、溶融状態においても、**図4.1-2**のように、一部配列した分子の集合体（液晶）が存在します。このような状態の溶融樹脂を金型に充填すると、この液晶が流れ方向に配列します。このように液晶が配向することによって自己補強効果が得られます

　LCP は、荷重たわみ温度によって、**表4.1-4**のように、タイプⅠ、Ⅱ、Ⅲの3つに分類されています。LCP の特長は以下の通りです。
- ① 強度・剛性が高い。
- ② 荷重たわみ温度は200℃–300℃以上までカバーする耐熱性を有している。

4 プラスチックの種類と特徴、用途

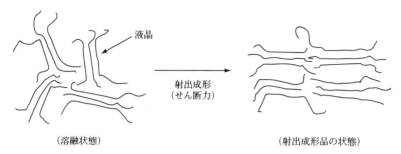

図4.1-2 液晶ポリマーの液晶配向状態

表4.1-4 LCP の種類

タイプ		荷重たわみ温度 (℃)	使い方
I		300℃以上	超耐熱
II	a	240℃以上	SMT ハンダ(280℃ 10秒)
	b	200℃以上	一般ハンダ
III		200℃未満	高強度、精密成形

③ 成形時の流動性がよい。
④ 難燃性である。
⑤ 寸法安定性が優れている。
⑥ ガスバリヤー性が優れている。

性能上の注意点としては、強度、成形収縮率、線膨張係数などの異方性が大きいことです。

LCP の用途は以下の通りです。

 電気・電子用途：SMT コネクター、IC ソケット、コイルボビン、ヘヤドライヤグリル
 AV、OA 用途：スピーカコーン、CD ピックアップボディ、FDD キャリッジ
 自動車用途：燃料周辺部品、エンジン周辺部品、イグニッション
 その他：ポンプ部品、バルブ部品、耐熱食器容器

e．ポリエーテルエーテルケトン（PEEK）

 PEEK は、ハロゲン化ベンゾフェノンとハイドロキノンとの重縮合で作られます。融点は334℃、ガラス転移温度が143℃の結晶性樹脂です。特長は次の通

りです。
① 機械的強度、特にクリープ特性及び耐疲労性が優れている。
② 耐熱性は、スーパーエンプラの中でも最高のレベルにある。
③ 難燃剤を加えないでも、高い難燃性を有している (UL94V-0 1.6mm厚み)。
④ 耐熱水性が優れている。
⑤ ガンマー線などの放射線による劣化が少ない。
⑥ 耐薬品性が優れている (濃硫酸以外には侵されない)。
⑦ 成形品からのガス発生が少ない。

用途としては、熱水ポンプハウジング、ベアリングリテーナ、パッキン、スチームトラップ、半導体ウエハーマガジンなどに使用されています。

f．フッ素樹脂 (PFA)

フッ素樹脂はフッ素原子を持ったプラスチックの総称です。フッ素樹脂としては、ポリテトラフルオロエチレン (PTFE)、ポリビニリデンフロオライド (PVDF)、ポリビニルフルオライド (PVF) などいろいろな種類があります。また、他の成分を共重合することによって射出成形できる品種もあります (PFA、FEP、ETFE など)。

分子中にフッ素原子が入ると、耐熱性、耐薬品性、耐候性、電気特性、摩擦摩耗性などが向上し、かつ不燃性になります。

用途としては、パッキン、ガスケット、ライニング、ウエハーキャリヤー、バルブ類などに使用されています。成形方法としては、押出、射出、トランスファー、回転成形、焼結成形などにより加工できます。

g．その他の耐熱エンプラ

表4.1-5に、その他の耐熱エンプラの特長、用途を示します。

4.1.3　熱可塑性エラストマー

熱可塑性エラストマーとは、加熱すると溶融して成形でき、冷却固化すると、ゴムのような弾性を示すプラスチックです。このポリマーの構造は、図4.1-3のように、硬い成分 (ハードセグメント) と軟い成分 (ソフトセグメント) からなります。ハードセグメントは通常の熱可塑性ポリマーと同じように、成形加工できます。一方、ソフトセグメントは、バネのような特性を示し、室温においても、伸縮性があります。ゴムに比較しますと、射出成形、押出成形で成形できることから、自動車、電気・電子、医療器具などの用途に使用されています。

表4.1-5 その他の耐熱エンプラ

プラスチック名	原料(モノマー)	特徴	用途
ポリエーテルイミド	(例) 芳香族ビス・エーテル酸無水物有機ジアミン	1) 強度・剛性が高い。 2) 耐熱性が高い(200℃)。 3) 難燃性である。 4) 耐薬品性がよい。	・ICソケット ・複写機部品 ・自動車スピードセンサーシャフト、ベアリングリテーナ
ポリエーテルスルホン	ジクロロジフェニールスルホン ビスフェノールS	1) 強度・剛性が高い。 2) 耐熱性がよい(210℃)。 3) 難燃性である。 4) 耐薬品性が良い。	・リレー部品 ・コネクター ・コイルボビン ・自動車キャブレータ部品
ポリエーテルケトン	ジフルオロベンゾフェノン、他	1) 耐熱性が高い(150℃)。 2) 耐酸性、耐アルカリ性が良い。 3) 自己消火性である。	・コネクター ・プリンター軸受け ・熱水ポンプ部品 ・ベアリングリテーナ
ポリアミドイミド	トリカルボン酸ジアミン	1) 耐熱性が高い(280℃)。 2) 強度・剛性が高い。	・OAの耐熱スリーブ、ギヤー、ベアリングなど ・自動車エンジン周り
ポリイミド	酸無水物ジアミン	1) 耐熱性が高い(ガラス転移温度250℃以上)。 2) 強度・弾性率が高い。 3) 耐有機溶剤性は良い。	・焼結成形品(しゅう動部品) ・原子力用途 ・フィルム(フレキシブルプリント回路)

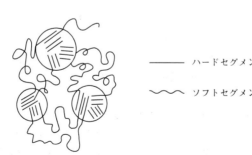

――― ハードセグメント
～～～ ソフトセグメント

図4.1-3 エラストマーのモデル構造例

表4.1-6 熱可塑性エラストマーの種類と用途

種類	組成		用途例
	ハードセグメント	ソフトセグメント	
スチレン系	PS	ポリブタジエン ポリイソブチレン など	・プラスチック改質剤 ・パッキン、ガスケット
オレフィン系	PE, PP	EPDM EPR	・防水シート ・フレキシブルチューブ
ウレタン系	ポリウレタン	ポリエステル ポリエーテル	・耐圧ホース ・フレックスハンマー ・タミングベルト
アミド系	ポリアミド	ポリエーテル ポリエステル	・油圧ホース ・コンベアベルト ・軸受け
エステル系	ポリエステル	ポリエステル ポリエーテル	・油圧ホース ・コンベアベルト ・ガソリンタンクシート
PVC系	結晶PVC	非晶PVC	・ダクトホース ・コンベアベルト ・防水シート
フッ素系	フッ素樹脂	フッ素ゴム	・耐薬品ホース ・耐熱ホース ・ガスケット

　熱可塑性エラストマーの種類としては、硬い成分（ハードセグメント）と軟い成分（ソフトセグメント）の組み合わせによって、オレフィン系、スチレン系、PVC系、ポリエステル系、ポリウレタン系などがあります。これらのエラストマーの組成と代表的な用途を**表4.1-6**に示します。

4.1.4　生分解性プラスチック、バイオプラスチック

　生分解性プラスチックとバイオプラスチックの開発例を**表4.1-7**に示します。生分解性プラスチックはグリーンプラスチックとも呼ばれ、環境にやさしいプラスチックとして注目されています。生分解性プラスチックは、「使用中は通常のプラスチックのように使えて、使用後は自然界で微生物によって水と二酸化炭素に分解され、自然に還えるプラスチック」と定義されています。生分解

表4.1-7 成形材料と成形法

分類	定義	開発例
生分解性プラスチック	廃棄段階で自然界の微生物によって炭酸ガスと水に分解されるプラスチック。	ポリ乳酸 ポリヒドロキシアルカノエート ポリプロピレンテレフタレート ポリブチレンサクシネート ポリカプロラクトン
バイオプラスチック	植物原科から誘導したモノマーを用いて重合されたプラスチック。	ポリ乳酸 バイオポリエチレン バイオPET ポリアミド11 ポリアミド410 ポリアミド1010

性プラスチックの代表的なものとしてはポリ乳酸があり、食品(食器、包装フイルム)、農業資材などに使用されつつある。

　バイオプラスチックは植物由来プラスチックとも呼ばれ、植物を原料として作られたものです。バイオプラスチックは生分解性でないものもあります。バイオプラスチックは大気中の炭酸ガスを取り入れて生育した植物を原料にして作られ、廃棄の段階で炭酸ガスを排出しても炭酸ガス(地球温室効果ガス)の収支は0ですので、温室効果ガスを増やさないという利点があります。バイオプラスチックの用途としては自動車部品(スペアタイヤカバー)、電子・電機(パソコンハウジング)などへの開発が進められています。

4.2 熱硬化性プラスチック

・フェノール樹脂(PF)

　フェノール樹脂は、最初に開発されてから100年以上の歴史を有する最も歴史のある樹脂です。フエノール樹脂は、フェノールとホルマリン(ホルムアルデヒド)から作られます。作るときに、酸性触媒でつくられた樹脂をノボラック型樹脂、塩基性触媒で作られた樹脂をレゾール型樹脂と呼んでいます。フェノール樹脂は加工性、耐熱性、耐久性など優れた特性を有しているため、圧縮成形品、積層板・積層品、接着剤や塗料など幅広い用途に使用されています。

　成形材料は、フエノール樹脂、充填材、硬化剤、添加剤などを、ロールやコニーダなどの混練機で練って作られます。なお、添加剤は着色剤、潤滑剤、難

燃剤などを必要に応じて加えます。成形材料の種類としては、一般用、電気用、耐衝撃用、耐熱用、食器用などの種類があります。

フェノール樹脂の特徴は以下の通りです。
① 価格が安い。
② 硬化速度が速く、成形性が良い。
③ 有機、無機などの充填材との親和性がよい。
④ 強度・弾性率、耐熱性などが優れている。
⑤ 自己消火性である。

このような特徴を活かし、電気・電子部品、機械部品、自動車部品、日用品などの用途に幅広く使用されています。

積層板・積層品用の素材は、レゾール樹脂を減圧脱水後、アルコールなどに溶かし、これを補強材の紙、織布、ガラスマットなどに含浸し、乾燥して作られます。この含浸した塗工紙を所定のサイズに切断し、プレスで加熱加圧成形して積層板または積層品がつくられます。また、積層する時に、接着剤塗布銅箔を積層してプレス（加熱加圧）すると、銅貼り積層板が得られます。これらの積層板は、電気的特性、打ち抜き加工性などが優れていることから、民生用電子・電気用途に多く使用されています。

フェノール接着剤は、アルコール溶性と水溶性のものがあり、木材や金属の接着剤として使用されています。また、フェノール樹脂は、シエルモールド、砥石、自動車のブレーキライニングなどの製造のため、砂、砥粒などを固めて成形するための結合剤としても使用されています。さらに、フェノール樹脂は、金属、木材などとも密着性がよいことから、塗料としても使用されています。

・ユリア樹脂（UF）・メラミン樹脂（MF）

ユリア樹脂はユリア（尿素）とホルマリンを反応させてつくられます。別名尿素樹脂とも言います。成形材料は、ユリア樹脂（プレポリマー）をパルプに含浸し、加熱・乾燥後、粉砕し、着色剤、離型剤などを混合し、造粒して、パウダ又はグラニュールをつくります。

ユリア樹脂は、分子の中に、窒素（N）を含むので、耐アーク性や耐トラッキング性がよいことが特徴ですが、その他、以下の特徴があります。
① 強度が優れている。
② 着色性がよい。
③ 表面硬度が高く、耐傷性が優れている。
④ 耐薬品性が優れている。

反面、インサートクラック性、耐水性などに難点があります。
　用途としては、大半は接着剤として使われています。成形材料としては耐アーク性がよいことを活かし、配線器具などに利用されています。
　メラミン樹脂はメラミンとホルマリンを反応させて作られます。作り方は、ユリア樹脂の場合とほぼ同じです。メラミン樹脂はユリア樹脂とほぼ同じ性質を持っておりますが、さらに次のような特長があります。
　①　耐水性が優れている。
　②　耐熱性が優れている。
　③　表面硬度が高い。
　④　食品衛生性が良い。
　ユリア樹脂と同じく、インサートクラック性は劣ることが欠点です。メラミンとフェノールとホルマリンを反応させたメラミン・フェノール樹脂は、この欠点を解決しています。
　用途としては、接着剤用途が最も多く、次に塗料用が多いです。また、表面硬度が高いことや着色性がよいことを利用し化粧板用途にも使用されています。また、成形材料としては、電気器具や食器にも使用されています。

・**エポキシ樹脂（EP）**

　エポキシ樹脂は、分子の端（末端）にエポキシ基とよばれる反応しやすい結合を有しており、これに硬化剤を加えて反応させると、分子の間に橋架け（架橋）が起こり、硬化樹脂が得られます。ただ、エポキシ樹脂と一口で言っても、その原料（モノマー）や硬化剤の種類は多く、それらの原料によっても特性はかなり違います。エポキシ樹脂として、最も一般的なものは、ビスフェノールAを原料とするエポキシ樹脂です。
　エポキシ樹脂は副原料を混ぜて使用しますが、特性としては、機械的強度、耐熱性、電気的性質、耐薬品性、接着性などが優れていることが上げられます。このためエポキシ樹脂は、塗料、電気用途、土木用途、接着剤、複合材料用途など幅広い用途に使用されています。特にエポキシ樹脂積層板のプリント配線基板は電子・電機用途に多量に使用されています。

・**不飽和ポリエステル（UP）**

　不飽和ポリエステルにもいろいろな種類がありますが、最も一般的な材料としては、無水マレイン酸とプロピレングリコールを反応させた不飽和ポリエステルにスチレンを加えて橋架け（架橋）した硬化樹脂があります。不飽和ポリエステルは、化粧板や塗料のような用途もありますが、ガラス繊維を充填した

FRPがよく知られています。
　尚、FRPについては、成形加工技術によっていろいろな製品に加工されます。これについては、6章を参照下さい。
　不飽和ポリエステル樹脂の特長は次の通りです。
　① FRPとした場合、機械的強度が優れている。
　② 耐熱性も優れている。
　③ 耐熱水性、耐薬品性も優れている。
　④ 難燃剤を加えることによって、難燃化できる。
従って、次のような用途があります。
　① FRP
　　　住宅機器、建設資材、漁船、車両など幅広い用途に使用されています。
　② 塗料、化粧板
　　　家具、床材、楽器などの木工塗料として利用されています。
　　　化粧板は、ベニヤ板やチップボードの上に、不飽和ポリエステル樹脂を流し、その上にセロハンやポリエステルフィルムを積層して、常温または加熱硬化させて作ります。
　③ 電気絶縁ワニス
　　　無溶剤で硬化できること、硬化後の樹脂の電気絶縁性が良いことなどの理由で、発電機、変圧器、モータなどの絶縁ワニスとして利用されています。

・ジアリルフタレート樹脂（PDAP）
　アリルアルコールとフタル酸を反応させてプレポリマーを作り、このプレポリマーからジアリルフタレート樹脂を作ります。プレポリマーに硬化成分を加え、布や紙に含浸したものをプレプレグといい、これを積層して硬化させて積層板や化粧板を作ります。また、充填材を加えたプレミックスは、成形材料に使います。
　ジアリルフタレート樹脂は、フェノール樹脂やエポキシ樹脂に比較すると、耐水性、耐熱性、寸法安定性、電気絶縁性などが優れていることから、電気・電子用途に使用されています。

・ポリウレタン樹脂（PUR）
　ポリウレタンは、ポリイソシヤネートとポリオールを主原料として反応した熱硬化性プラスチックです。その用途は発泡体、RIM、弾性体、塗料、接着剤、合成皮革、繊維など多岐にわたっています。それぞれの成分もいろいろな種類

があり、製品の要求性能によって使い分けされています。

　ポリウレタンは、発泡体としての用途に最も多く使用されています。軟質フォームは車両、寝具、家具などに、硬質フォームは船舶、車両、プラント・建材などに使用されています。

　RIM は反応射出成形の略ですが、自動車バンパーなどにも使用されています。また、成形時にガラスマットやガラスクロスを入れて補強するストラクチュアル RIM (SRIM) は、車両構造材としても使用されています。エラストマーとしての用途は、ガスケット、ベルト、テーブルエッジなどに応用されています。

・シリコーン樹脂 (SI)

　シリコーン樹脂は、シリコン (Si) を分子中に含むシロキサンと呼ばれる成分を他の成分と共重合した熱硬化性プラスチックです。性能としては、耐熱性、硬度、電気特性、耐候性などが優れています。使い方としては、塗料、封止材料、エラストマーなどがあります。

　塗料としては、耐擦傷性、耐摩耗性、耐候性、滝水性などがよいことから、表面改質塗料として使用されています。

　電気的特性が優れていることから半導体封止材料としても使われています。

　エラストマーとしては、微粉状シリカを加えて熱加硫型のシリコーンゴム、液状シリコーンゴム (LSR)、室温加硫型シリコーンゴム (RTV) などがあります。

5 プラスチックの性質

本章では熱可塑性プラスチックの性質を中心に解説します。また、プラスチックの物性試験法に関するJISは巻末の資料4を、一般物性については巻末の資料5を参照下さい。

5.1 物理的性質

5.1.1 比重、密度

比重は4℃の水の質量との比であるので単位はありませんが、密度は単位体積当たりの質量ですので単位はg/cm³です。一般的には比重と密度はほぼ同じ値です。

プラスチックの比重を表5.1-1に示します。同表にはガラス、鉄、銅、アルミニウムの比重も示しています。プラスチックの比重は0.83～2.2程度であり軽量化効果が大きいことがわかります。

表5.1-1 プラスチックと他材料の比重

材　料	比　重
ポリメチルペンテン（PMP）	0.83
ポリプロピレン（PP）	0.9
ポリエチレン（PE）	0.92～0.96
ポリスチレン（PS）	1.04～1.06
ABS樹脂	1.01～1.05
メタクリル樹脂（PMMA）	1.17～1.20
ポリカーボネート（PC）	1.20
ポリブチレンテレフタレート（PBT）	1.30～1.38
ポリアセタール（POM）	1.40～1.42
ふっ素樹脂	2.14～2.20
ガラス	2.5
鉄	7.86
銅	8.9
アルミニウム	2.70

また、結晶性プラスチックでは結晶化度が高くなると比重は大きくなります。充填材強化材料では、充填材の比重はプラスチックより大きいので配合比率が高くなると比重は大きくなります。

5.1.2 吸水率

JIS K7209では、次の2つの条件のどちらかで処理した試料の吸水率を測定します。

　23℃水中、24hr 浸漬
　煮沸水中、30min 浸漬

それぞれの条件で処理した後に、所定の手順で試験片の質量を測定し、次式で吸水率を計算します。

$$吸水率(\%) = \frac{浸漬後質量 - 浸漬前質量}{浸漬理前質量} \times 100$$

23℃水中、24hr 浸漬の吸水率を**表5.1-2**に示します。

同表のようにPE、PP、PPSなどの極性基*を持たないプラスチックの吸水率は低いです。一方、PA6は極性基(アミド結合)を有しているので吸水率が高いです。一般的に吸水するとプラスチックは吸水膨張する性質があります。
＊電荷に偏りがある分子鎖を極性基という。

表5.1-2　プラスチックの吸水率（23℃水中、24hr）

プラスチック	吸水率(%)
PE	<0.01
PP	<0.01
PMMA	0.2〜0.4
ABS	0.20〜0.45
PA6	1.5〜2.3
POM	0.21〜0.22
PC	0.23〜0.26
mPPE	0.06〜0.1
PPS	0.01〜0.07

5.1.3 比熱、熱伝導率、線膨張係数

表5.1-3に各種プラスチックおよび鉄の熱的特性を示します。

[比熱]

表5.1-3に示したようにプラスチックの比熱は1.0〜2.3 (kJ/kg°C) の範囲であり、鉄に比較して約3〜5倍大きい値です。つまり、プラスチックは温まりにくく冷めにくい材料です。

[熱伝導率]

表5.1-3のようにプラスチックの熱伝導率は0.2〜0.6 W/(m·°C) ですが、鉄は60 W/(m·°C) です。従ってプラスチックの熱伝導率は鉄の約1/200〜1/300

表5.1-3 各種プラスチックの熱的性質

材 質	比熱 (kJ/kg°C)	熱伝導率 (W/m/°C)	線膨脹係数 (10^{-5} mm/mm/°C)
アクリロニトリル・ブタジエン・スチレン樹脂 (ABS)	1.47	0.3	9.0
ポリアセタール (POM) (ホモポリマ)	1.47	0.2	8.0
ポリアセタール (POM) (コポリマ)	1.47	0.2	9.5
メタクリル樹脂 (PMMA)	1.47	0.2	7.0
変性ポリフェニレンエーテル (mPPE)	—	0.22	6.0
ポリアミド66 (PA66)	1.67	0.24	9.0
ポリアミド66 (PA66) (ガラス繊維30質量%)	1.26	0.52	3.0
ポリエチレンテレフタレート (PET)	1.05	0.24	9.0
ポリエチレンテレフタレート(PET)(ガラス繊維30質量%)	—	—	4.0
ポリカーボネート (PC)	1.26	0.2	6.5
ポリプロピレン (PP)	1.93	0.24	10.0
ポリスチレン (PS)	1.34	0.15	8.0
低密度ポリエチレン (LDPE)	2.30	0.33	20.0
高密度ポリエチレン (HDPE)	2.30	0.63	12.0
ふっ素樹脂 (PFA、PFEP)	1.00	0.25	14.0
ポリ塩化ビニル (PVC) (硬質)	1.00	0.16	7.0
アクリロニトリル・スチレン樹脂 (SAN)	1.38	0.17	7.0
鉄	0.434	60.00	1.2

です。そのため、発熱体を内蔵するハウジングなどに使用すると放熱性がよくないため内部温度が上昇しやすいです。一方、熱い食品を入れる容器などに使用すると内容物が冷えにくい、触っても熱く感じないなどの利点にもなります。

［線膨張係数］

表5.1-3のように、プラスチックの線膨張係数は$6.0〜20×10^{-5}$ mm/mm/℃です。一方、鉄は$1.2×10^{-5}$ mm/mm/℃ですので、6〜18倍大きな値です。従って、プラスチックは温度によって寸法が大きく変化することに注意すべきです。

5.2 強　度

5.2.1 引張強度

引張強度の試験方法は JIS K7161に規定されています。

図5.2-1に示すダンベル形状の試験片を用いて測定します。一定速度で引っ張ったときに試験片の平行部（標線間）の初期長さL_0がΔLだけ増加したときの引張荷重Fを測定します。

［引張強度］

次式で求めます。

$$\sigma = \frac{F}{S}$$

ここに、σ：引張応力（MPa）　　F：荷重（N）
　　　　S：試験片平行部の初期断面積（㎟）

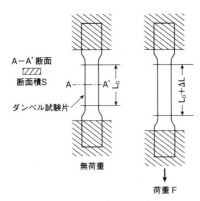

図5.2-1　引張試験片

降伏するときの応力が降伏強度、破断するときの応力が破断強度です。
［引張ひずみ］
次式で表されます。

$$\varepsilon = \frac{\Delta L}{L_0}$$

ここに、ε：全引張ひずみ（無次元、百分率で表すこともある）
　　　　L_0：荷重を加える前の平行部長さ（mm）
　　　　ΔL：平行部長さの増加（mm）
降伏するときのひずみが降伏ひずみ、破断するときのひずみが破断ひずみです。
［引張弾性率（ヤング率、縦弾性係数）］
フックの弾性限度内では次式で表されます。

$$E = \frac{\sigma}{\varepsilon}$$

　　E：引張弾性率　　σ：応力　　ε：ひずみ

引張弾性率は応力－ひずみ曲線の原点における接線の勾配ですが、プラスチックはフックの弾性限度範囲が狭いため、次のように2点間を結ぶ直線の勾配として求めます。

$$E = \frac{\sigma_2 - \sigma_1}{\varepsilon_2 - \varepsilon_1}$$

但し、E：引張弾性率（MPa）
　　　σ_1：ひずみ $\varepsilon_1 = 0.0005$ において測定された引張応力
　　　σ_2：ひずみ $\varepsilon_2 = 0.0025$ において測定された引張応力
［ポアソン比］
次式で示されます。

$$\nu = \frac{\varepsilon_n}{\varepsilon}$$

　　ε：引張方向のひずみ（縦ひずみ）
　　ε_n：引張に直角方向のひずみ（横ひずみ）

表5.2-1にプラスチックと他材料のポアソン比を示します。プラスチックは0.33〜0.38程度の値です。

横軸にひずみ、縦軸に応力を表したグラフが応力—ひずみ曲線（S-S 曲線）です。プラスチックの S-S 曲線パターンを図5.2-2に示します。
同図について
・縦軸の値が高いほど強度は強いことを表し、低いほど弱いことを示します。
・横軸の破断ひずみが大きいほど粘り強いことを表し、小さいほど脆いことを示します。
・原点からの接線の勾配（引張弾性率）は大きいほど硬いことを示し（荷重による変形が少ない）、小さいほど軟らかいことを表します。

S-S曲線のパターンは引張速度や温度によっても変化することに注意する必要があります。

表5.2-1　プラスチックと他材料のポアソン比

材料	ポアソン比	材料	ポアソン比
PS	0.33	アルミニウム	0.33
PMMA	0.33	銅	0.35
PC	0.38	鋳鉄	0.27
PE	0.38	軟鉄	0.28
ゴム	0.49	ガラス	0.23

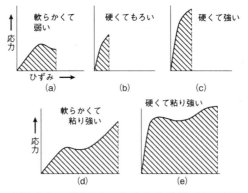

図5.2-2　プラスチックの S-S 曲線パターン

- 引張速度が速くなると強度や引張弾性率は大きくなり、破断ひずみは小さくなる傾向があります。
- 温度が高くなると強度や引張弾性率は小さくなり、破断ひずみは大きくなる傾向があります。

5.2.2 曲げ強度

図5.2-3に示すように両端支持梁で支点間の中央部に荷重を加えると、厚み方向の中立軸から上側では圧縮応力が発生し、下側では引張応力が発生します。中立軸では応力は0で、上側では圧縮応力が発生し、下側では引張応力が発生します。それぞれの応力は試験片表面で最大になります。

　プラスチックは試験片下面に発生する最大引張応力（最大繊維応力ともいう）によって降伏または破断します。曲げ破壊は引張応力側から起こるので、降伏するときの最大引張応力を曲げ降伏強度、破断するときの最大引張応力を曲げ破断強度とします。

　曲げ強度の試験法はJIS K7171に規定されています。

　曲げ試験では一定速度で曲げたときの荷重Fとたわみδを測定します。

［降伏強度、破断強度］

　降伏または破断する荷重Fを測定し、次式によって応力σ_{max}を計算します。

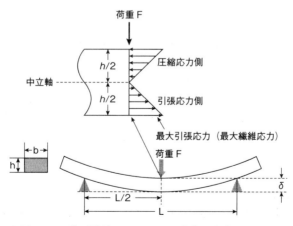

図5.2-3　曲げ試験における厚み方向の応力発生状態

$$\sigma_{max} = \frac{3FL}{2bh^2}$$

σ_{max}：降伏または破断する最大引張応力（MPa）
F：降伏または破断荷重（N）　　L：支点間距離（mm）
b：試験片幅（mm）　　　　　　h：試験片厚み（mm）

［曲げひずみ］
　降伏または破断するときのたわみδを測定し、次式によってひずみを計算します。

$$\varepsilon = \frac{6h\delta}{L^2}$$

ε：降伏ひずみまたは破断ひずみ　　h：試験片厚み（mm）
δ：降伏または破断するときのたわみ（mm）　L：支点間距離（mm）

［曲げ弾性率］
　基本的にはS-S曲線の原点における接線の勾配ですが、フックの弾性限度を示す範囲が狭いため引張弾性率と同様に、S-S曲線の2点間を結ぶ直線の勾配を次式により計算します。

$$E = \frac{\sigma_2 - \sigma_1}{\varepsilon_2 - \varepsilon_1}$$

但し、E：引張弾性率（MPa）
　　　σ_1：ひずみ$\varepsilon_1=0.0005$において測定された引張応力
　　　σ_2：ひずみ$\varepsilon_2=0.0025$において測定された引張応力

　曲げ試験の応力―ひずみ特性は引張試験の特性と同じです。
　ただ、**表5.2-2**に示すように、曲げ強度は材料力学の式を用いて計算する関係で引張強度の値より高い値になっていることに注意する必要があります。一方、曲げ弾性率と引張弾性率はほぼ同じ値です。これは、フックの弾性限度内で測定しているからです。

5.2.3　衝撃強度

　衝撃試験法は、成形品に衝撃力を加えたときに、試験片が破壊するまでに吸収したエネルギーの大きさを測定する方法です。単位はJ（ジュール）です。

5 プラスチックの性質

表5.2-2 引張強度と曲げ強度の比較

樹　脂	引張強度 (MPa)	曲げ強度 (MPa)	引張弾性率 (MPa)	曲げ弾性率 (MPa)
PC	61	93	2,400	2,300
変性 PPE	55	95	2,500	2,500
PA6（絶乾）	80	111	3,100	2,900
POM	64	90	2,900	2,600

注）①使用材料：非強化標準グレード
　　②試験法：引張特性 JIS K 7161-1994
　　　　　　　曲げ特性 JIS K 7171-1994

　プラスチックの衝撃試験法としてはシャルピー衝撃（単位:kJ/㎡）、アイゾット衝撃（単位：kJ/㎡）、引張衝撃（単位：kJ/㎡）、パンクチャー衝撃（単位：J）などがあります。図5.2-4にシャルピー衝撃試験法を示します。同図のように、試験片の両端を支持台にセットした後、衝撃刃を試験片に当てて破壊に要するエネルギーを測定します。

　衝撃強度の試験データは試験片固有の値ですので、実際の成形品の設計データベースには直接適用できません。材料を選択するときのデータとして利用します。

　プラスチックは温度、コーナアールなどによって衝撃強度が変化することに注意する必要があります。図5.2-5[1)]にPCのシャルピー衝撃強度と温度、ノッチアールの依存性を示します。

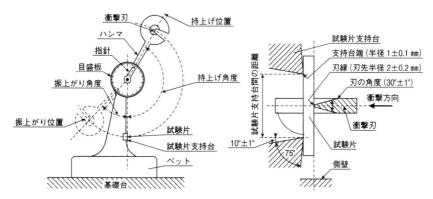

図5.2-4　シャルピー衝撃試験装置と試験片の取り付け方

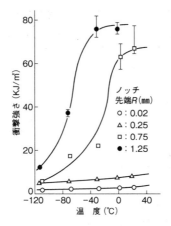

図5.2-5[1]　PC のシャルピー衝撃強度の温度、ノッチアール依存性

5.2.4　クリープ、クリープ破壊

　一定の応力を長時間かけておくと徐々に変形し、ある応力以上では破断します。変形する現象をクリープといい、破断する現象をクリープ破壊（クリープラプチャ）といいます。

　試験片に一定の応力を負荷し続けたときのひずみと時間の関係を表す曲線がクリープ曲線です（**図5.2-6**）。一方、応力と破断するまでの時間の関係を表すのがクリープ破壊線（破断線ともいう）です（**図5.2-7**）。

　ガラス繊維やカーボン繊維で強化した材料のクリープ変形は小さく、クリープ破断応力は大きくなる特性があります。

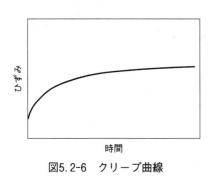

図5.2-6　クリープ曲線

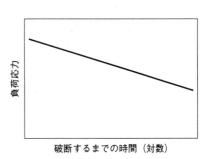

図5.2-7　クリープ破断線

5 プラスチックの性質

5.2.5 疲労強度

応力を繰り返し負荷すると、引張強度や曲げ強度より低い応力で破壊します。この現象を疲労破壊といいます。

負荷応力Sと破壊するまでの繰り返し回数Nの関係をグラフに示したものが疲労曲線(S-N曲線)です。疲労曲線を**図5.2-8**に示します。

図5.2-9[2)]に示すように引張強度や曲げ強度が大きくても、疲労強度は低いプラスチックもあるので注意する必要があります。

プラスチックの中ではPOM、PA66、PBT、PEEKなどの結晶性プラスチックは耐疲労性が優れていることがわかります。

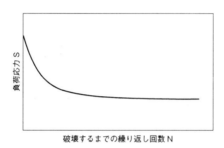

図5.2-8　疲労曲線(S-N曲線)

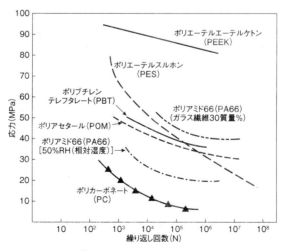

図5.2-9[2)]　各種プラスチックの疲労特性

5.3 耐熱性

5.3.1 荷重たわみ温度

図5.3-1に示すように熱媒中で試験片の中央部に荷重を加え、一定速度で昇温し、試験片中央部のたわみが指定のたわみ値に達するときの熱媒温度を荷重たわみ温度といいます。

荷重たわみ温度の測定条件には低荷重（0.45MPa）と高荷重（1.80MPa）が

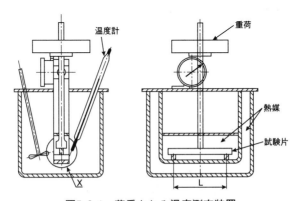

図5.3-1 荷重たわみ温度測定装置

表5.3-1 各種プラスチックの荷重たわみ温度

	荷重たわみ温度 (℃)		A－B (℃)
	低荷重 (A) (0.45MPa)	高荷重 (B) (1.80MPa)	
ポリアミド6	175 (191)*	68 (85)*	107 (106)
ポリアセタール（コポリマー）	158	110	48
ポリカーボネート	143	129	14
変性PPE（標準品）	130	115	15
ポリブチレンテレフタレート	136	54	82
ポリフェニレンスルフィド	199	135	64
ポリスルホン	181	174	7

＊（ ）内は絶乾状態の値

あります。低荷重は同図のように試験片に荷重を加えるときに試験片下面に発生する最大引張応力が0.45MPaになる荷重です。同様にして高荷重は最大引張応力が1.80MPaになる荷重です。

表5.3-1に各種プラスチックの荷重たわみ温度を示します。荷重たわみ温度は高荷重の方が低くなっています。また、結晶性プラスチック（PA6、POM、PBT）の荷重たわみ温度は低荷重より高荷重の方が大きく低下していることに注意する必要があります。結晶性プラスチックではガラス繊維などで強化すると、高荷重の荷重たわみ温度が大きく向上する性質があります。

5.3.2 強度の温度特性

プラスチックは温度が高くなるほど強度・弾性率は低くなります。

非晶性プラスチックでは、温度上昇につれて徐々に強度・弾性率は低下し、ガラス転移温度を超えると急に低下します。一方、結晶性プラスチックでは温度上昇につれて強度・弾性率はかなり低下し、結晶の融点を超えると急激に低下する傾向があります。

図5.3-2[3]に、各種プラスチックの実用温度範囲における弾性率の温度特性を示します。

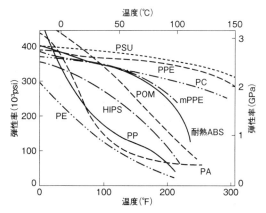

結晶性プラスチック：PE、PP、POM
非晶性プラスチック：HIPS（PS−HI）、ABS、mPPE、PPE、PC、PSU

図5.3-2[3]　各種プラスチックの弾性率―温度特性

5.3.3　耐寒性

JIS K7216には脆化温度の測定法が規定されています。試験片をつかみ具に取り付けて、低温槽の中で温度を変えて打撃ハンマーで衝撃を与えて破壊した試験片の数を測定する方法です。試験片の50％が破壊する温度を脆化温度としています。**表5.3-2**にプラスチックの脆化温度を示します。

同表にはそれぞれのプラスチックのガラス転移温度を示していますが、脆化温度との相関性は認められません。

表5.3-2　プラスチックの脆化温度

分類	プラスチック名	脆化温度 (℃)	ガラス転移温度 (℃)
結晶性プラスチック	高密度ポリエチレン	−140	−125
	ポリプロピレン（ホモポリマー）	−10〜−35	0
	ポリアミド6	−60〜−80	50
非晶性プラスチック	ポリ塩化ビニル	81	80
	メタクリル樹脂	90	100
	ポリカーボネート	−135	145

5.3.4　熱劣化

プラスチックは高温雰囲気に曝されると、長時間後に熱と酸素によって熱酸化分解する性質があります。この現象を熱劣化（熱エージング）といいます。熱劣化すると色相が変化し、強度は低下します。**図5.3-3**[4]は、ABS樹脂について90℃熱エージングによる各物性の変化を示したものです。降伏強度、引張強度（破断）などは熱劣化に先立って硬く脆くなるため一時的には大きくなりますが、衝撃力、引張破断ひずみは低下しており劣化が進行していることがうかがえます。

熱劣化速度は温度と暴露時間に依存します。高い温度では短時間に劣化しますが、低い温度でも長時間経つと劣化します。低い温度側では熱劣化するのに長時間かかるので、高い温度での熱劣化データから低い温度における劣化寿命を予測する方法が取られています。ULの比較温度インデックス（RTI）はこのような方法で実用耐熱温度を決めています。

5 プラスチックの性質

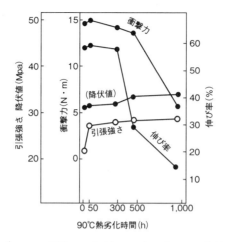

図5.3-3[4]　ABS 樹脂の90℃熱エージングによる物性の劣化

5.4 硬 さ

5.4.1 押し込み硬さ

押し込み硬さの試験法としてはロックウェル硬さ、デュロメータ硬さなどがあります。ロックウェル硬さ試験法を図5.4-1に示します。

試験片に鋼球圧子を介して基準荷重を加え、次に試験荷重を加え、再び基準荷重に戻します。基準荷重に戻したときの押し込み変形の読み値 e_2 から、最

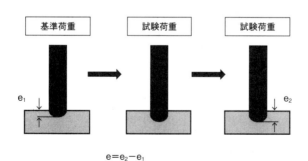

$e = e_2 - e_1$
e は 0.002 mm を一単位として表した
試験荷重除去後のくぼみの深さ

図5.4-1　ロックウェル硬さの測定概念図

初の基準荷重での押し込み変形の読み値 e_1 を差し引いた値を e とすると、ロックウェル硬さは次式で表されます。

$$HR = 130 - e$$

ここに　HR：ロックウェル硬さ
　　　　e：0.002mmを一単位としたくぼみの読み値

上式から e の値が大きいほど、言い換えれば押し込み変形量が大きいほど HR の値は小さくなります。

また、ロックウェル硬さとしては、**表5.4-1**に示すように R、L、M の硬さスケールがあります。

例えば、硬さスケール M で80であれば HRM80 と表現します。

各種プラスチックのロックウェル硬さを**表5.4-2**に示します。

同表のように熱硬化性プラスチックの方が押し込み硬さは大きいことがわ

表5.4-1　ロックウェル硬さ測定条件

ロックウェル 硬さスケール	基準荷重 (N)	試験荷重 (N)	鋼球圧子 直径 (mm)
R	98.07	588.4	12.7
L	98.07	588.4	6.35
M	98.07	980.7	6.35

表5.4-2　各種プラスチックのロックウェル硬さ

	Mスケール	Rスケール
メラミン樹脂	110〜125	
不飽和ポリエステル	100〜115	
フェノール樹脂	90〜115	
エポキシ樹脂	80〜120	
メタクリル樹脂	80〜105	
ポリスチレン	65〜80	
ポリカーボネート	60〜70	122〜124
ポリスルホン	60	120

かります。また、ポリカーボネート、ポリスルホンなどでは、RスケールよりMスケールの方が試験荷重は大きく、鋼球径も小さいので硬さは小さくなることがわかります。

押し込み硬さは各プラスチックにほぼ固有の値であり、材料の良し悪しを評価する特性値ではありません。一方、熱硬化性プラチックについては硬化するほど硬くなるので、硬化度（架橋度）を評価することに用いることが出来ます。

5.4.2 引っ掻き硬さ

プラスチック成形品表面に引っ掻き傷が付くケースには次のものがあります。
① 自動車などにおけるワイパーやサイドウィンドの開閉時に付く傷
② 砂塵などが表面に当たってつく傷
③ 雑巾やハンカチなどで拭いたときにつく傷
④ 鋭利なもので表面を引っ掻いたときにつく傷

これらの傷付き性を評価する方法としてはテーバー摩耗試験、落砂試験、スチールウール試験、鉛筆硬度試験などの方法があります。これらの評価目的と試験法を**表5**.4-3に示します。

これらの試験法で試験した試料については、透明材料では光線透過率やヘイズを、不透明材料では反射率や表面粗度を測定することで傷付き性の評価を行います。

表5.4-3　傷付性試験方法と評価目的

評価目的	試験法
ワイパーなどによる傷付性の評価	テーバー摩耗試験
砂塵が当たったときの傷付性の評価	落砂試験
布などで拭いたときの傷付性の評価	スチールウール試験
文具を引っ掻いたときの傷付性の評価	鉛筆硬度試験

5.5　耐摩擦摩耗性

5.5.1　静摩擦係数

静摩擦係数試験は斜面に物体をのせ斜面の角度を変えたときに、物体が滑り出す角度から静摩擦係数を求めます。

同一のプラスチック同士の摩擦ではポリエチレン、ポリアセタール、ふっ素樹脂（四フッ化エチレン）などは0.2〜0.3と静摩擦係数は小さいです。

5.5.2 動摩擦係数

動摩擦試験は、**図5.5-1**に示すように荷重を加えた状態で試験片と相手材のうち一方を回転させたときのトルク抵抗から動摩擦係数を測定します。

図5.5-2[5]に各種プラスチックの動摩擦係数を示します。

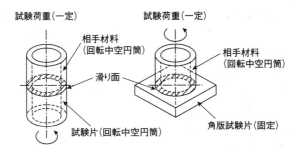

図5.5-1　動摩擦係数測定装置

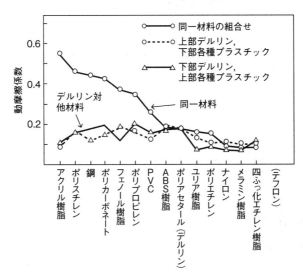

図5.5-2[5]　各種プラスチックの動摩擦係数

同図から同一材料同士ではふっ素樹脂、ポリアセタール、ポリアミド（ナイロン）などの動摩擦係数は小さいことがわかります。また、デルリン（デュポン社のポリアセタール）との動摩擦係数はどの相手プラスチックに対しても小さくなる傾向があります。

5.5.3 限界PV値

面圧Pを大きくまたは摩擦速度Vを速くするにつれて、摩擦発熱し変形または溶融します。あるPV値以上では摩擦係数、摩耗量などがともに大きくなり材料がその機能をはたさなくなります。このような限界値を限界PV値といいます。一般的に動摩擦係数が小さく、かつ耐熱性の高い材料ほど限界PV値は高くなります。**表5.5-1**に鋼と摩擦したときの限界PV値の例を示します。

表5.5-1　鋼とプラスチックの限界PV値

プラスチック	限界PV値 (kPa·m/s)
ポリアセタール	122
ポリアミド6	87
ポリアミド66	87
ポリフェニレンスルフィド	604

5.6　光学的性質

5.6.1　耐紫外線性、耐候性

プラスチックによって差はありますが紫外線があたると、ポリマー分子の切断が起こり分解します。紫外線を発する光源には太陽光線だけでなく水銀灯、蛍光灯などがあります。蛍光灯、水銀灯、窓越しに入る太陽光線などに対しては耐紫外線性として評価します。屋外使用では太陽光線に加えて気温、雨、風などが同時に作用するので耐候性として評価します。

表5.6-1に促進劣化と屋外暴露試験法を示します。

QUVやSUVは耐紫外線性の材料スクリーニング試験に用います。フェードメーターは耐紫外線性の評価に用います。屋外暴露試験では寿命評価に時間がかかるため、サンシャインウェザーメーターやキセノンウェザーメーターなどの促進劣化寿命試験で評価します。国際規格（ISO）ではキセノンウェザー

表5.6-1　プラスチックの紫外線促進劣化と屋外暴露試験法

促進劣化	スクリーニングのための促進劣化	QUV、SUV など
	促進劣化寿命試験	フェードメーター（雨なし）
		サンシャインウェザーメーター
		キセノンウェザーメーター
屋外曝露	屋外曝露試験	南面、45°取付曝露
		アリゾナにて太陽光を集光して試験片に照射して劣化を促進する方法

メーターが標準試験法になっています。促進劣化寿命試験では、評価する項目（外観、透視性、強度など）によって屋外暴露試験結果との相関性が異なることがあるので注意する必要があります。

5.6.2　光線透過率、ヘイズ

物体に光があたると一部は表面で反射され、物体に入った光の一部は物体内で吸収され、残りが透過光となります。この透過光は物体によって散乱された拡散透過光と、入射方向に直進する平行透過光とに分けられます。透過率には透過した光線の全量を表す全光線透過率 (T_t) と拡散光線透過率 (T_d)、平行光線透過率 (T_p) の3つがあります。光線透過率の測定装置を図5.6-1に示します。

光線透過率の測定には積分球式測定装置を用いて全光線透過量および散乱光量を測定し、次式で全光線透過率 (T_t) と拡散透過率 (T_d) を求めます。

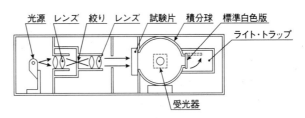

図5.6-1　光線透過率測定装置

5 プラスチックの性質

$$T_t (\%) = \frac{I_t}{I_0} \times 100$$

$$T_d (\%) = \frac{I_d}{I_0} \times 100$$

I_0：入射光量　　I_t：全光線透過光量　　I_d：散乱光線透過光量

平行光線透過率（T_p）は次式で求めます。

$$T_p = T_t - T_d$$

PMMA、PS、PCなどの透明材料の全光線透過率は、肉厚2～3 mmでは85～95％です。

光が透明材料中を透過するとき光が散乱すると透視度が低下します。このような現象を表す特性値をヘイズ（ヘーズまたは曇価ともいう）といいます。ヘイズ（H_z）は、全光線透過率（T_t）と拡散光線透過率（T_d）から次式で求めます。

$$H_z (\%) = \frac{T_d}{T_t} \times 100$$

ヘイズ（H_z）の値は小さいほど透視性はよいことになります。透明材料では0.5～5.0％のものが多いです。

5.7 寸法安定性

寸法安定性とは成形後における成形品の寸法変動に関する程度を示す特性です。寸法変動に影響する要因としては成形時の残留ひずみ、二次結晶化、使用過程における温度、湿度、荷重などが関係します。

① 成形時の残留ひずみによる寸法変動

　成形時に生じた残留ひずみが成形後に解放されると寸法変化やそりが発生します。これらの寸法変動を少なくするには残留ひずみを小さくするように成形することが大切です。

② 二次結晶化による寸法変化

　結晶性プラスチック成形品では、成形後に結晶化がさらに進むことがあります。このような現象を二次結晶化または後結晶化といいます。二次結晶化が進行すると寸法収縮します。二次結晶化を少なくするには、成形時に金型温度を高くして結晶化を十分進めておくことが大切です。

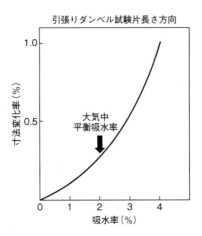

図5.7-1[6]　ポリアミド6の吸水率と寸法変化率の関係

③　吸湿による寸法変動

　成形直後の成形品は水分を含まない絶乾状態ですが、時間が経過すると大気中の湿気を吸って吸湿状態になります。プラスチックは吸湿すると寸法は膨張します。逆に、湿度の低い環境に放置すると、吸水率は低くなるので寸法収縮します。**図5.7-1**[6]はポリアミド6の吸水率と寸法変化率の関係です。

④　温度による寸法変化

　プラスチックは線膨張係数が大きいので、温度によって寸法は変化します。

⑤　クリープによる寸法変化

　プラスチックは荷重が長時間かかるとクリープ変形し寸法は変化します。

5.8　燃焼性

　プラスチックに炎を近づけると溶融軟化します。更に炎を当て続けると温度上昇し、ついに溶融樹脂は分解してガスが発生します。可燃性のガスが発生すると着火して燃え出します。可燃性ガスの発生が比較的少ないときは着火源を取り去ると自然に炎は消えます。このように着火源を除くと自然に火が消えることを自己消火性（自消性）といいます。一方、可燃性ガスの発生量が多い場合は燃焼熱で溶融、分解、燃焼を繰り返しながら燃焼は持続します。

　プラスチックの燃焼性については、次の3つのタイプがあります（難燃剤を加えない場合）。

- いったん燃え出すとどんどん燃えるタイプ：PE、PP、ABS、PMMA、POMなど
- 着火源を離すと自然に火が消えるタイプ（自己消火性または自消性という）：PC、PA、PSUなど
- 着火源を当てても燃えないタイプ：PVC、ふっ素樹脂、PPSなど

このようにプラスチックの燃焼性は異なるので、燃焼性をランク分けする方法がとられています。

電気製品の燃焼性試験についてはUL規格のUL94の試験法で評価されます。同試験法は**図5.8-1**に示すように水平燃焼試験や垂直燃焼試験があり、HB、V0、V1、V2などに燃焼ランク付されます。

また、酸素濃度が薄くても燃える材料は燃えやすいので、酸素指数で燃焼性を評価する方法もあります。酸素と窒素の比率を変えた雰囲気で燃焼させ、試験片が燃え続けるに必要な最小酸素濃度（体積濃度）を酸素指数（OI）とします。酸素指数は次式で求めます。

$$酸素指数 = \frac{酸素}{酸素＋窒素} \times 100$$

表5.8-1の各種プラスチックの酸素指数を示します。同表のように、燃えやすいプラスチックほど酸素指数は小さくなることがわかります。

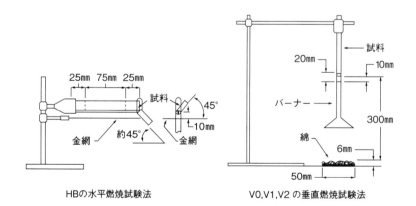

図5.8-1　UL94の燃焼試験法

表5.8-1　プラスチックの酸素指数

樹　脂	酸素指数	樹　脂	酸素指数
ポリエチレン	17.4	メタクリル樹脂	17.3
ポリプロピレン	17.4〜18.0	ポリアミド66	24.3
ポリ塩化ビニル	45	ポリアセタール	14.9〜16.1
ふっ素樹脂	95.0	ポリカーボネート	25-27

5.9　耐薬品性

　プラスチックを薬品に接触させたときの挙動としては吸着のみ、膨潤溶解、分解、クラック発生などがあります。これらの挙動を調べるための耐薬品性試験として無応力での浸漬試験、応力下浸漬または接触試験などがあります。耐薬品性は、プラスチックの種類によって異なるので個々に検討する必要があります。**表5.9-1**に主なプラスチックの無応力下での耐薬品性を示します。
　プラスチックの耐薬品性については一般的に次のことが言えます。

表5.9-1　プラスチックの耐薬品性

	弱酸	強酸	弱アルカリ	強アルカリ	油	アセトン	ベンゼン	エステル	アルコール
HDPE	◎	△	◎	◎	○	×	×	×	◎
PP	◎	△	◎	◎	○	◎	◎	×	○
硬質PVC	◎	△	○	○	○	×	×	×	◎
PS	◎	△	◎	◎	△	×	×	×	○
SAN	◎	△	◎	◎	◎	×	×	×	○
ABS	◎	△	◎	◎	△	×	×	×	△
mPPE	○	○	○	○	△	×	×	×	△
PA6, PA66	○	×	○	○	○	◎	◎	◎	△
POM	△	×	○	○	○	◎	◎	◎	◎
PC	◎	△	△	×	△	×	×	×	○
PSU	○	○	○	○	◎	×	×	×	○

ASTM－D570 (3.2mm、24hr)
◎：安全　○：ほぼ安全　△：一部危険　×：危険（いずれも無荷重状態において）

① 非晶性プラスチックより、結晶性プラスチックの方が耐薬品性は優れている。
② PC、PBT、PET などは高温蒸気、熱水、アルカリ水溶液中では加水分解する。
③ 濃硫酸、濃硝酸などの強酸中ではプラスチック全般に酸化分解する。
④ 非晶性プラスチックは応力下で有機溶剤、油、グリス、可塑剤などと接するとクラックが発生するものが多い（ソルベントクラック、ケミカルクラック、環境応力亀裂などという）。

5.10 電気的性質

電気的性質の測定法については、JIS K6911（熱硬化性プラスチック一般的試験法）の試験法で測定されます。ここでは、試験法の詳細は省略します。

5.10.1 絶縁抵抗

電気を通さない物質を絶縁体と言い、通常絶縁抵抗率は$10^8\Omega$cm以上のものをいいます。絶縁体であるプラスチックに電圧を加えると、ごくわずかですが電流が流れます。この電流を漏れ電流といいます。表面のみを流れる電流に対する抵抗を表面抵抗、内部のみを流れる電流に対する抵抗を体積抵抗といいます。実際にはそれぞれの電気抵抗値を測定し、所定の方法で計算して表面抵抗率（Ω）、体積抵抗率（Ωcm）として表現します。プラスチックの体積抵抗率は$10^{14}\sim10^{20}\Omega$cmのものが多いです。PE、PPのように無極性のプラスチックは大きいですが、極性基を有するPVC、PAなどは比較的小さくなります。

5.10.2 絶縁破壊

試験片に電圧を負荷して徐々に昇圧すると、最初は微小電流が流れるだけですが、電圧が高くなると電流が急激に増加し、一部が溶けて穴が開いたり、炭化したりして破壊して絶縁性がなくなります。この現象を絶縁破壊といいます。

絶縁破壊には、絶縁破壊強さと耐電圧があります。絶縁破壊強さはプラスチックの単位厚さに対する破壊電圧の値で、kV/mmの単位で表します。プラスチックの絶縁破壊電圧は10～50kV/mmのものが多いです。一方、耐電圧は絶縁材料がいくらの電圧まで破壊しないか保証する値（単位kV）です。通常周波数の電圧を0から一定速度で試験電圧まで上昇させ、その電圧に一分間耐えるかどうかをみます。

5.10.3 誘電率、誘電正接

プラスチックのような絶縁材料に電圧をかけると誘電分極を起こし、正と負の電荷が発生します。その分極の度合いを示すのが誘電率や誘電正接です。一般的に誘電率が小さいと誘電正接も小さくなる特性があります。

PE、PP、PSのような無極性のプラスチックは誘電率や誘電正接は小さいですが、PVC、PAのような有極性のプラスチックは大きい特性があります。**表**5.10-1に無極性プラスチックと有極性プラスチックの誘電率、誘電正接を示します。

高周波電場では誘電率や誘電正接の大きい材料はエネルギー損失を伴うことになるので、できるだけ誘電率、誘電正接の小さい無極性プラスチックが求められます。逆に、高周波溶着では$\varepsilon \times \tan\delta$（$\varepsilon$：誘電率、$\tan\delta$：誘電正接）が大きいほど発熱するので溶着しやすいことになります。

表5.10-1　プラスチックの電気的性質

	無極性プラスチック		有極性プラスチック	
	PE	PP	PA6	PVC
体積固有抵抗率 (23℃、50%RH)(Ω·cm)	$>10^{16}$	$>10^{16}$	$10^{12}\sim10^{15}$	$>10^{16}$
誘電率(ε)　　60Hz 　　　　　　　　10^2Hz 　　　　　　　　10^4Hz	2.30〜2.35 2.30〜2.35 2.30〜2.35	2.2〜2.6 2.2〜2.6 2.2〜2.6	3.9〜5.5 4.0〜4.9 3.5〜4.7	3.2〜3.6 3.0〜3.3 2.8〜3.1
誘電正接($\tan\delta$)　60Hz 　　　　　　　　10^2Hz 　　　　　　　　10^4Hz	<0.0005 <0.0005 <0.0005	<0.0005 <0.0005〜0.0018 <0.0005〜0.0018	0.04〜0.06 0.011〜0.06 0.03〜0.04	0.007〜0.02 0.009〜0.017 0.006〜0.019

5.11　成形性

5.11.1　メルトマスフローレイト（MFR）及びメルトボリュームフローレイト（MVR）

成形材料の流動性を評価する方法としてMFRとMVRがあります。これらの測定方法は、JIS K7210に規定されています。

測定装置の概要を**図**5.11-1に示します。

同図のように、シリンダの中に試料を入れて、指定の条件で加熱して溶融させた後、ダイから押し出したときの溶融樹脂の量を測定します。

5 プラスチックの性質

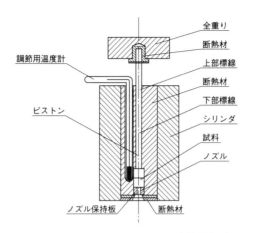

図5.11-1　MFR、MVR の測定装置概略図

　測定値は、10min 当たりの押出質量または容量で表します。
　MFR は、ダイから押し出された10分間当たりの質量（g／10min）で表します。
　MVR は、ダイから押し出された10分間当たりの容量（㎤／10min）で表します。
　同一のプラスチックについては、MFR、MVR の値が大きいほど流動性はよいことを示します。しかし、材料の相対的な流動性を示す値ですので、次の点に注意する必要があります。
① 同一の品種（グレード）については、MFR、MVR の値が流動性比較の目安になる。
② 異なる材料では横比較はできない。
③ 射出成形条件（射出圧、射出速度）と MFR、MVR の測定条件は異なるので、成形データとしては利用できない。

5.11.2　キャピラリレオメーターによる溶融粘度

　測定装置の原理は MFR や MVR と同じですが、射出成形のせん断速度領域で粘度を測定する方法です。キャピラリレオメーターはせん断速度を変えたときの材料の溶融粘度を測定する方法です。
　測定装置の概略を図5.11-2に示します。同図のように、シリンダの中に試料

を入れて加熱溶融後に荷重をかけてダイから押し出します。荷重、押出量などの値から溶融粘度を計算によって求めます。

PCの測定例を**図5.11-3**[7]に示します。同図のように、せん断速度が速くな

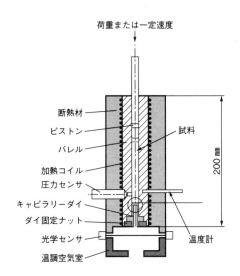

図5.11-2　キャピラリレオメーター測定装置概略図

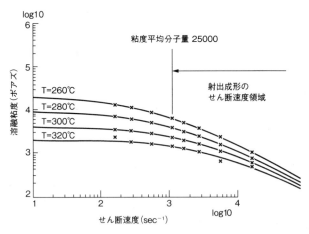

図5.11-3[7]　溶融粘度－せん断速度特性（PC）

ると溶融粘度は低下する傾向があります。同図のせん断速度で10^3〜$10^4 sec^{-1}$は、射出成形でのせん断速度領域です。

これらの粘度データは、CAEによる流動解析のデータベースとして利用されます。

5.11.3 流動長

MFRやキャピラリレオメーターによるデータは、型内における溶融樹脂の流れ距離（流動長さ）を直接的に示すものではありません。型内にける流動長さはスパイラルフロー型、バーフロー型、円板型などを用いて測定します。図5.11-4に、一般的に用いられているバーフロー型の例を示します。

実際には、肉厚を変えた可動型板を用意して、肉厚を変えて成形することによって、肉厚（t）と流れ距離（L）の関係を測定します。データとしては、tとLの関係をグラフに表す場合とL/tとして表現する場合があります。樹脂温度、射出圧、射出速度などの成形条件を変えることによって、成形条件と流れ距離の関係を測定できます。このデータをもとに、肉厚や最適ゲート位置などを設計しています。

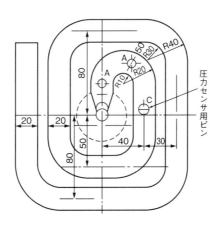

図5.11-4　流動長測定用のバーフロー金型

5.11.4 成形収縮率の測定法

金型の寸法をL_0、その金型で成形された成形品の寸法をL_1とすると、成形収縮率Sは、次の式で表されます。

$$S = \frac{L_0 - L_1}{L_0}$$

または、次式のように百分率で表現するときもあります。

$$S(\%) = \frac{L_0 - L_1}{L_0} \times 100$$

成形収縮率は流動方向によって異なる場合があるので、流動する方向に対し平行方向と直角方向の値で表現します。特に、繊維強化材料では、繊維配向の影響で流れ方向によって成形収縮率が異なるので方向を明示する必要があります。JIS K7152では、平行方向と直角方向について成形収縮率を測定するように規定されています。表5.11-1に非強化材料と強化材料の成形収縮率を示します。

表5.11-1 非強化材料と強化材料の成形収縮率

品　種		成形収縮率（%）	
		流れ方向	直角方向
PC	非強化	0.5〜0.7	0.5〜0.7
	GF30wt%強化	0.05〜0.25	0.25〜0.45
PA6	非強化	1.0〜1.6	1.0〜1.6
	GF30wt%	0.2〜0.4	0.5〜0.8
PBT	非強化	2.2	2.0
	GF30wt%強化	0.3	1.0
POM	非強化	1.9	1.9
	GF25wt%	0.4	1.4

〈引用文献〉
1）本間精一編、ポリカーボネート樹脂ハンドブック、p.268、日刊工業新聞社 (1992)
2）エンプラの本、p.19、エンプラ技術連合会 (2004)
3）伊保内賢、プラスチックス、21 (3)、13 (1970)
4）鈴木健一、日本ゴム協会誌、42 (2)、p.146 (1969)
5）山口章三郎、潤滑、11 (12)、12 (1966)
6）福本修編、ポリアミド樹脂ハンドブック、p.106、日刊工業新聞社 (1988)
7）本間精一編、ポリカーボネート樹脂ハンドブック、p.413、日刊工業新聞社 (1992)

6 成形加工法

プラスチック成形材料は、成形加工することによって、成形品の形になります。信頼性の高い成形品を作るためには、成形加工をうまく行うことが大切です。ただ、一口に成形加工と言ってもいろいろな方法があります。プラスチックの成形加工法としては、図6.1に示すような方法があります。

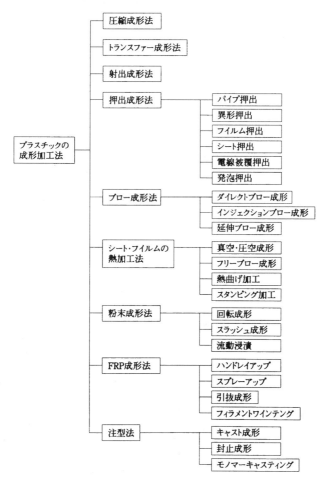

図6.1 プラスチックの成形加工法

成形方法としては、射出成形法が圧倒的に多く、次に押出成形法が多く使用されています。

では、各成形方法について解説します[1),2),3)]。

6.1 熱可塑性プラスチックの成形法

6.1.1 射出成形法

熱可塑性プラスチックの成形法の中で、射出成形法は最も多く利用されています。射出成形法は図6.2に示すように、成形材料をスクリューで可塑化した後、圧力をかけて金型の中に射出して、金型の中で冷やして固まらせる方法です。成形工程としては、可塑化工程、射出工程、保圧工程、冷却工程、離型工

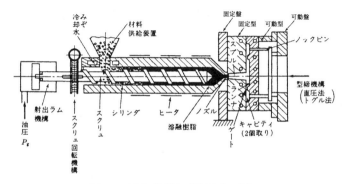

図6.2 射出成形法（油圧式の例）

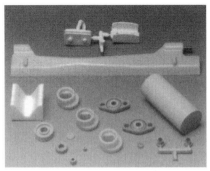 

図6.3 射出成形品（住友化学）

6 成形加工法

程などを経て成形されます。

射出成形法の特長は以下の通りです。
① 成形速度が速い。
② いろいろな形状の製品を作りやすい。
③ 成形材料の適用範囲が広い。
④ 後仕上げが少ない。

6.1.2 押出成形法

押出成形法は、基本的には図6.4に示すように、スクリューで可塑化した溶融体をダイと呼ばれる部分から連続的に押出して、そのまま空気中または水中で冷却して固まらせる方法です。従って、製品としては、丸棒、パイプ、フィルム、シートなど断面形状が変化しない成形物を連続的に成形する方法です。パイプの場合、設備の構成としては、押出機、ダイ、サイジング、冷却装置、引き取り設備、切断設備などからなります。尚、サイジングは成形品の断面形状を指定サイズにするための装置です。

押出成形法と特徴としては、以下の点が上げられます。
① 断面形状が一定の成形物を連続的に成形するのに適した成形法である。
② 窓枠サッシュのように断面が複雑な形状でも連続的に押し出すことができる。
③ 成形材料としては、PVCのように溶融体の形状保持性のよい材料が適している。

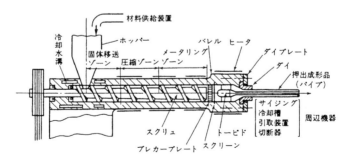

図6.4 押出成形法

④ 押し出した後、延伸をすることによって、強度を向上させることができる。
　例えば、以下の例がある。
・モノフィラメントの押し出し成形における一軸延伸（PA6の釣り糸成形）
・フイルムの２軸延伸（ポリオレフィンのインフレーションフィルム成形）
⑤ 化学発泡、物理発泡などの方法により、発泡シートを成形できる。

図6.5　押出成形品
（ダイセル・デグサ）

6.1.3　ブロー成形法

(1)　押出ブロー成形（ダイレクトブロー成形）

　図6.6に示すように、押出機で円管状のパイプを押し出し（パリソンという）、これをブロー金型ではさんだ後、エアを吹き込んで、ボトル状の成形品を成形する方法です。成形品には製品部以外の部分はカット仕上げする。この成形法の特徴は以下の通りです。
① ボトル状の成形品を成形するのに適した成形法である。
② 製品部以外の仕上げが必要である。
③ 容量の大きいボトルを成形するのに適している。
④ 金型費が安い。

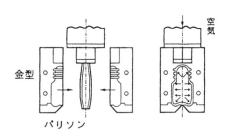

（a）チューブ状に原料を押し出す　（b）型を閉じて空気を吹き込む
図6.6　押出ブロー成形法（ダイレクトブロー法）

(2) 射出ブロー成形

図6.7のように、射出成形で有底パリソンを成形した後、射出成形キャビティから取りだし、ブロー型に移して、エアを吹き込んでボトル状に成形する方法です。この成形方法は、押出ブロー成形法に比較すると、設備投資額は高いが、次の特徴があります。
① 口部のねじ精度がよい。
② 押出ブローのようにパリソンの食い切り部がないので、容器の内面は平滑である。
③ 仕上げの必要がないので、生産性がよい。

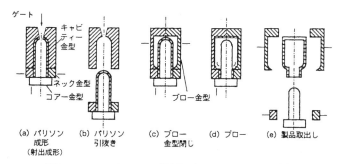

図6.7　PETボトルの成形法（ホットパリソン法）

(3) 延伸ブロー成形法

延伸ブロー成形法は射出ブロー成形法とほぼ同様な方法で加工されるが、ブローする前に軸方向に延伸し、次にブローすることで径方向にも延伸することで2軸延伸するところに違いがある。本法をPETの成形に応用すると、2軸延伸によって高強度のPETボトルが得られる。

成形法にはコールドパリソン法とホットパリソン法がある。
コールドパリソン法は次の工程を経て成形する方法である。
① まずプリフォーム（有底パリソン）を射出成形する。
② このプリフォームを用いて、図6.8に示す方法で延伸ブローする。同図のようにプリフォームを遠赤外線などで加熱軟化させた後に、ブロー金型内に移動し、軸方向に延伸した後にブロー成形することで2軸延伸成形品が得られる。

一方、ホットパリソン法では、図6.7に示した射出ブローの工程(C)において

ホットパリソンを軸方向に延伸した後にブロー成形することで2軸延伸成形品が得られる。

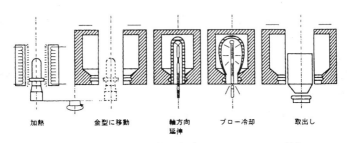

図6.8　PETボトルの成形法（コールドパリソン法）

6.1.4　熱加工法

シート又はフィルムを立体形状に成形する方法です。

(1)　真空、加圧成形法

シートを加熱して軟化した後、型を真空に引いて型形状に成形する方法です。真空に引きながら、型とは反対側からエア圧でシートを型面に押しつけて加圧成形する方法もあります（**図6.10**）。これらの方法で、カップ麺容器、食品容器などは成形されています。この成形方法の特徴は次の通りです。

① トレイ状のものを成形するのに適した方法です。

図6.9　シートフィルム成型品
（三井化学）

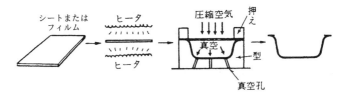

図6.10　真空圧空成形法

② 型は、木型、アルミ型などでよいので、型費が安い。
③ 多数個取りができるので、生産性がよい。

(2) フリーブロー成形法

図6.11のように、シートを加熱した後、ボックス部分から、適切な圧力に設定されたエアを吹き込み、曲面状に成形させる方法です。道路ミラー、明り取りドームなどはこの方法で成形しています。この成形方法の特徴は以下の通りです。
① 真空・加圧成形に比較して、型面に接触しないので表面の平滑な成形品が得られる。
② 型を必要としないので、設備費が安い。

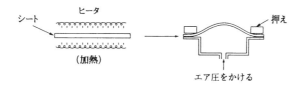

図6.11　フリーブロー成形法

6.1.5　シートスタンピング成形法

図6.12のように、ナイロン、ポリプロピレンなどを母材とし、それにガラス繊維、カーボン繊維などの長繊維マットを複合化した素材を用い、これを適当な大きさに切断した後、加熱溶融させてプレス加工する方法です。この方法では、以下の特徴があります。
① 強度・弾性率の高い成形品が得られる。
② 自動車内、外装部品のような大型の成形品の加工に向いている。

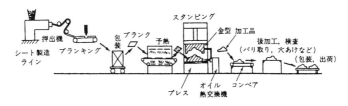

図6.12　スタンパブルシート加工法概略

6.1.6 粉末成形法
(1) 回転成形法
　図6.13のように、粉末を金型の中に投入し、金型を加熱しながら多軸回転させて、金型壁面で粉末を溶融させた後、冷却固化して金型から取り出す方法です。例えば、PEの飲料水タンク、ナイロンの自動車ガソリンタンク、PCの養魚槽や照明グローブなどの例があります。成形上の特徴は、以下の通りです。
① 大型の容器の成形に適す。
② 内面が平滑で、肉厚分布は均一にできる（単純形状の場合）
③ 多品種少量生産に適す（型費は比較的安い）
④ 成形サイクルは長い。

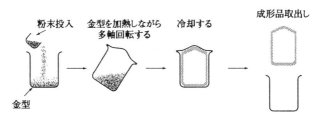

図6.13　回転成形法

(2) スラッシュ成形法
　基本的原理は回転成形と同じです。**図6.14**に示すように、加熱した金型に過剰の量の粉末を投入し、金型を回転させながら、型壁面で粉末を溶融させた後、

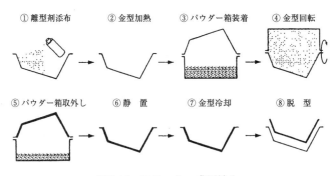

図6.14　スラッシュ成形法[4]

金型を開き溶融樹脂を固化させて成形品を得る方法です[4]。例えば、自動車のインストルメントパネルのような大型成形品を成形するのに適しています。材料はPVCや熱可塑性ウレタンなどが使用されています。特徴は次の通りです。
① 大型の製品を安価に作るのに適している。
② 多品種少量生産に適している。

(3) 流動浸漬法

鉄など金属材質のパーツを予め加熱した後、エアを送って流動状態にした樹脂粉末中に浸漬し、パーツの表面に粉末を溶融付着させた後取り出し、再加熱してパーツ表面を樹脂コートする方法です。金属パーツと樹脂の密着が悪い場合はパーツ表面をプライマー処理する場合もあります。食器洗浄機の食器セット枠、洗濯機の籠などに応用されています。通常の塗装に比較して特徴は以下の通りです。
① 表面に厚い皮膜を形成できるので、耐久性がある。
② 塗装のように、溶剤類を使用しないので、環境対策を含めた設備費は安い。
③ 網籠のような製品のコートに適している。

6.1.7 注型成形法

基本的には型の中に圧力をかけずに樹脂を流し込んで固化させて成形する方法です。

成形方法としては、以下の2つの方法があります。
① 液状の原料を型に流し込み、重合固化または縮合硬化させて成形品を得る方法です。例えば、メタクリル酸メチルの部分重合体（プレポリマー）を用いるアクリルシートの成形、εカプロラクタムからのナイロン成形などがあります。
② 熱可塑性プラスチックの溶液やホットメルト状態のポリマーを回転ドラムまたは移動ベルトなどに流延し、溶剤除去又は加熱、冷却などにより、フィルム状成形物を得る。この方法は流延法とも呼ばれ、例えば、PC、PMMA、PVCなどのフィルムの成形に応用されています。

6.2 熱硬化性樹脂の成形法

6.2.1 圧縮成形法

　成形材料を計量して予熱した後、一定温度に加熱した金型に投入し、押型をかぶせて圧縮成形機で加圧して、型内で硬化させた後取り出す方法です。

　また、紙、布などに液状樹脂を含浸させて積層して、加熱圧縮する成形方法が積層成形です。

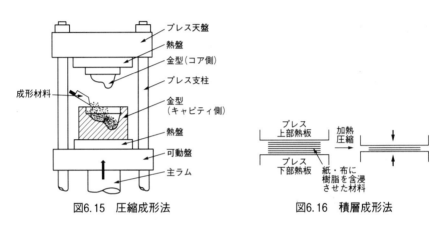

図6.15　圧縮成形法　　　　　図6.16　積層成形法

6.2.2 トランスファー成形法（移送成形）

　トランスファー成形法は、圧縮成形法を改良したもので、図6.17に示すように予め成形材料のタブレットを作り、これを高周波などで予熱後、金型上部に取りつけられたプランジャに入れて、ピストンで型内に射出して加熱硬化させて成形する方法です。圧縮成形法より生産性が高く、製品の性能も高いものが得られるという特徴があります。

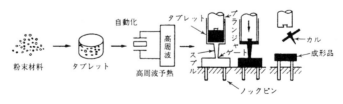

図6.17　トランスファー成形法説明図

6.2.3 FRP成形法

ハンドレイアップは、図6.18のように、離型剤を塗った型の表面に、顔料や充填剤を加えた樹脂層を形成させ、所望の厚さになるまで積層して成形する方法です。

スプレーアップは、図6.19に示すように、ロービングを切断して樹脂とともに型面に吹き付ける方法です。

その他、類似の方法としては、真空バック法、加圧バック法などがあります。

引抜成形法（プルトルージョン）は、図6.20のように、ガラスロービングを巻き付けながら、樹脂を含浸させて管材や型材を連続的に成形する方法です。この方法では、強度や剛性の高い製品を加工することが可能です。

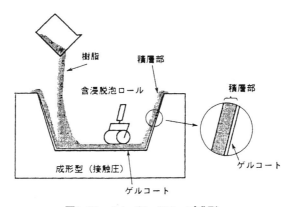

図6.18　ハンドレイアップ成形

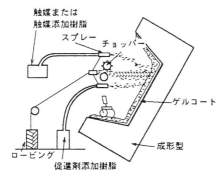

図6.19　スプレーアップ成形

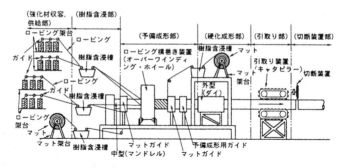

図6.20 引抜成形装置の例（横引きパイプ成形装置）

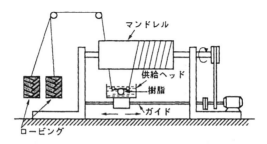

図6.21 FW（フィラメントワインディング）成形装置の概要

　FW法（フィラメントワインディング）は、ロービングに樹脂を含浸させながら、マンドレルと呼ばれる部分を回転させつつ巻きつけ、管状の成形物を成形する方法です。大型タンクや鉄道貨車の胴体などの大型成形物を成形するのに使用されます。

　BMC（バルクモールディングコンパウンド）は、加熱圧縮成形であるMMD（マッチッドメタルダイ）法、トランスファー成形法、射出成形法、射出圧縮法などで成形されています。

　SMC（シートモールディングコンパウンド）も、プレプレグシートを、MMD法で加熱プレスして成形物を成形する方法です。

6.2.4 RIM

　RIM（Reaction Injection Molding）は反応射出成形という意味であり、2種以上の低分子量低粘度の液体を、高圧下で衝突混合させ、その混合液を密

6 成形加工法

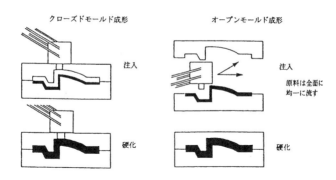

図6.22 ストラクチュラルRIMの成形

閉した型内へ圧入し、型内で反応硬化させて成形品を得る方法です。RIMは、硬質ウレタンの成形方法として普及しており、自動車のバンパー、サイドプロテクター、フェンダー、リヤースポイラーなど外装部品、ゴルフカートやスノーモービルの外装部品などに応用されています。一方、RIMでガラスマットやガラスクロスなどの長繊維で補強する成形技術はストラクチュラルRIM（SRIM）と言われ、**図6.22**に示すような方法で成形されています。つまり、ガラスクロスやガラスマットを型の中に設置した状態で型を閉じ、注入口から樹脂原料を流し込み、補強材の間隙を樹脂で充填し成形品を成形する（クローズド成形）。一方、型を開いた状態で樹脂を流し込み、その後型を閉じて反応硬化させる方法もあります（オープンモールド成形）。

6.2.5 LIM成形法

LIM（Liquid Injection Molding）は**図6.23**のように、混合機と直結したノズルから金型へ混合液を射出し、型内で反応硬化させて成形品を得る方法である。LIMは、液状シリコーンゴム（LSR）の成形に応用されています。

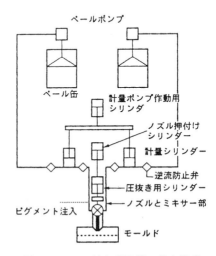

図6.23 LSR射出成形機の基本構成

6.3　2次加工

6章で述べました射出成形、押出成形、ブロー成形法などは、成形材料から所望の形状に加工する工程で、1次加工と言えます。これに対して、これらの成形後に成形品を加工する工程を2次加工または後加工と言います。2次加工しやすいこともプラスチックの利点の1つです。ただ、1次加工の工程で加工し、2次加工は行わない方が生産性は向上し、加工コストも下がりますので、できるだけ1次加工で処理するのが原則ですが、以下のような場合には2次加工することがあります。

① 商品の外観価値を上げる。
② 商品の表面の機能を上げる。
③ 部分的に強度を上げる。
④ 幾つかの成形品を組み合わせる。
⑤ 金属、その他の異材料と一体化する。
⑥ 1次加工で加工するより、2次加工の方で処理する方が生産性を向上できる。
⑦ その他、1次加工でできない場合に適用する。

プラスチック成形品に適用される2次加工法を**表6.1**にまとめました。

(1) **後インサート法**

成形するときに下穴を設けておき、成形後に金具をインサートする方法です。射出成形工程でインサートする方法に比較すると、金型破損の心配がないこと、成形サイクルを短縮できることなどの利点があります。方法としては圧入法、熱圧入法、超音波圧入法、エキスパンダブルインサート法（拡張インサート法）などがあります。

(2) **接合法**

2つ以上の成形品を成形後に接合面を溶融させて接合する方法です。熱によって溶融する熱可塑性プラスチックの特性を活かした方法です。方法としては、熱で直接溶融する方法（熱風接合、熱板溶着）、高周波エネルギーで溶融する方法（高周波溶着）、超音波振動で溶融させる方法（超音波接合）、振動で溶融させる方法（振動溶着）、摩擦熱で溶融させる方法（回転摩擦接合）、レーザーエネルギーで溶融させる法（レーザー溶着）などがあります。

(3) 接着法

接着剤を用いて接着する方法（接着剤接着法）と溶剤で接着面を溶かして接着する方法（溶剤接着法）があります。接着剤接着法は、ほとんどのプラスチックの接着に適用できます。溶剤接着法は溶剤に溶けるプラスチックに限られます。

(4) 表面加飾法、表面機能化法

成形品の表面をいろいろな処理を行うことによって、表面外観をよくする、または表面にいろいろな機能を持たせることが可能です。例えば、塗装、印刷、ホットスタンプ、後染め、サンドブラストなどの処理方法があります。これらの加工をしやすいこともプラスチックの利点の1つです。

(5) メタライジング法

成形品表面に金属膜を付着させることができます。方法としては、湿式めっき、真空蒸着、スパッタリングなどがあります。プラスチックと金属膜とは本来密着性はありませんので、密着性を上げるために、メラライジング処理する前に、いろいろな前処理が施されます。

(6) 機械加工法

プラスチックは金属材料と同様に、機械加工ができます。モデル製作、切断、仕上げ加工、ねじを加工、切断加工などに利用されています。方法としては旋盤加工、フライス加工、ボール盤加工、鋸切断加工などの方法を適用できます。

表6.1 プラスチック成形品に適用される2次加工法

分類	方法		期待する効果
	方法	原理	
後インサート法	圧 入 法	室温で金具を下穴に圧入する。	1次加工段階での成形サイクルの向上。 成形品の部分的な補強。
	熱圧入法	金具を加熱しておき、下穴に圧入する。	
	超音波圧入法	金具に超音波振動をくわえながら、金具を圧入する。	
	エキスパンダブル・インサート法	圧入すると、金具外径が外側に広がる特殊金具を下穴に圧入して固定する。	
接合法	超音波接合	超音波振動で接合面を選択的に発熱させて、2つのパーツを接合する。	一次加工では、できない形状の製品を加工する。 幾つかの成形品を組立モジュール化する。
	熱風接合	接合面に熱風を当てて、接合面を溶融軟化して接合する。	
	振動溶着	振動を与え、接合面が振動による衝突繰り返しで発熱・溶融させ接合する	
	熱板溶着	熱板を接合面に当て、接合面を溶融軟化して接合する。	
	高周波溶着	高周波のエネルギーで溶融軟化し、接合する（直接法と間接法あり）	
	回転摩擦溶接	成形品の接合面をお互いに、摩擦させ、摩擦熱により溶融軟化させて接合する。	
	レーザー溶着	レーザー光を接合面に当て、発熱させ接合する（レーザー光を通す材質と吸収する材質の組み合わせが必要）	
接着法	接着剤接着	接着剤により接着する。主として、異種材料を接着する。	接合の場合に同じ（簡便的な接合）
	溶剤接着	溶剤で接合面を溶解し、接着する。同種の樹脂で、かつ良溶剤がある場合に用いる。	

6 成形加工法

分類	方法		期待する効果
	方法	原理	
表面加飾法 又は 表面機能化処理法	塗装	成形品の表面を樹脂コート（熱硬化や熱可塑あり）する。塗膜との密着性が悪い場合には、プライマー処理した後にコートする。塗料の塗り方はディップ、スプレー、流し塗り、静電塗装などあり。	外観をよくする。表面硬度を上げる。
	印刷	印刷インキで印刷する。スクリーン、グラビヤ、タンポ、昇華印刷などの印刷方法あり。	外観をよくする。マークを入れる。
	ホットスタンピング	ベースフィルムに離型層、着色層、金属蒸着層、接着層からなる箔を成形品に沿わせ、ベースフィルム側から加熱、加圧して模様や文字を入れる。	外観をよくする。文字を入れる。
	後染め	着色剤を溶解した溶液に、成形品を浸せきし、表面から着色剤を浸透させて、染色する。	外観をよくする。（多品種少量生産）
	サンドブラスト	成形品表面に硬い砂を吹き付け、表面をシボ外観にする。	シボ外観にする。
メタライジング法	湿式メッキ	成形品の表面に、化学的に穴（アンカー）を明け、化学メッキした後に電気メッキする。	金属外観にする（装飾目的）
	真空蒸着	真空中でアルミなどを蒸気にして、成形品の表面に当てて密着する。	電磁波シールド性を与える。
	スパッタリング	金属（ターゲット）に原子又はイオンを衝突させ、たたき出された金属原子を成形品表面に蒸着する。	機能膜をつける。
機械加工法	穴明け	ドリルで成形品に穴を明ける。	ウエルドラインの無い穴ができる。成形での金型構造を簡単にできる。
	切削	バイトで成形品を削る。	プロトタイプの加工ができる。
	ねじ切り	成形品に雌ねじ又は雄ねじを切削加工する。	寸法精度の高いねじを加工できる。
	切断	のこぎり、はさみ、ギロチンカッターなどにより切断する。 熱い刃物または超音波振動を与えながら切断する（溶断）。	ゲート切断 押出物の切断

〈引用文献〉
1）大柳　康、エンジニアリングプラスチック、p.18〜26、森北出版（1985）
2）高分子学会、プラスチック加工技術ハンドブック、p.410〜415、日刊工業新聞社（1995）
3）深沢　勇編、プラスチック成形技能検定の解説、p.217（2007）
4）伊藤敏安、プラスチックスエージ、47（10）、p.98（2001）

7　法規・規格

プラスチックの用途が広がるとともに、法規・規格の関係も商品化における重要なチェックポイントになり、これらに適合する材料選定や製品設計が必要になります。また、グローバル化の進行とともに海外における規格への適合性も配慮しなければなりません。以下、各法規や規格と成形材料との関わり合いについて述べることにします[1]。

プラスチックに関する国内外の規格または規格を作成する機関を**表7.1**にまとめます。

表7.1　プラスチックを取り巻く規格または規格作成機関

略　称	正　式　名　称	規格内容・機能
ISO	International Organization for Standardization	世界共通の規格
IEC	International Electrotechnical Commission	電気・電子関連技術の国際標準
CEN	Comite Europeen de Normalisation	欧州における電子・通信技術の標準
ANSI	American National Standards Institute	米国の国内規格
MIL	Military Specifications and standards	米国軍用規格
JIS	Japan Industrial Standards	日本の国内規格
DIN	Deutsche Industrie Normen	ドイツの国内規格
BSI	British Standards Institution	英国の国内規格
SCC	Standards Council of Canada	カナダの国内規格
ASTM	The American Society for Testing and Materials	米国の民間規格
UL	Underwriters Laboratories Inc.	非営利の民間団体。火災・その他の事故から人命・財産を保護するため部品や材料の認定
CSA	Canadian Standards Association	非営利の民間団体による規格及び認定を行う
ポリ衛協自主規格	ポリオレフィン等衛生協議会	業界自主規制基準の制定

7.1 材料試験規格

7.1.1 ISO

ISOは、「製品及びサービスの国際交流を容易にし、知的、科学的、技術的及び経済的分野における国際間の協力を助長するため、世界的な標準化及びその関連活動の発展促進を図る」ことを目的に発足した、国際的な非政府機構です。プラスチック関連の規格の専門委員会は、TC61で検討されており、SC1—9までのワーキンググループ（WG）の中で検討されています。

7.1.2 JIS

JISは工業標準化法に基づいて、日本工業標準化会（JISC）で調査・審議され、政府によって制定される規格です。プラスチック関係の規格は化学部門で、記号Kで表されています。

材料試験法はISO規格へ整合化されつつあります。

また、JISにはJISマーク表示制度があり、指定認定機関によって認定されることによって、生産者は自己の責任においてJISマークの表示を行う制度もあります。

7.1.3 ASTM

ASTMは、1898年に設立された米国の民間規格を作成する団体で、非営利団体です。プラスチック関連は、ASTMのD20委員会で制定されており、プラスチック関連は記号Dがついています。以前は我が国では、プラスチック関連JISはASTMの規格に準じていました。

ASTMもISO規格に整合する方向で進められています。

7.1.4 DIN

DIN（ドイツ規格協会）は、全ての人が利用でき、経済、技術、化学、行政及び公共における合理化、品質保証、安全及び協調に役立つように、ドイツの規格あるいはその他の研究成果をまとめて出版し、その利用を促進しています。DINによって制定されたものが、DIN規格です。

7.1.5 CEN

CEN（ヨーロッパ標準化委員会）は非営利の国際科学技術協会としての標準化団体です。CENのヨーロッパ規格の制定は、ヨーロッパ各国の代表専門家によっておこなわれており、当初からISOとの整合化を意識して進めています。

7.1.6 MIL

MILは、アメリカ軍用規格であり、軍用の必需品や役務を購買、調達するための文書です。プラスチック製品の評価にもこれらの文書を利用することがあります。

7.2 安全関連法規・規格

7.2.1 電気用品安全法

電気用品取締法が、1999年8月に改正公布され、電気用品安全法になり、2001年4月1日から施行されました。その目的は「電気用品の製造、販売などを規制するとともに、電気用品の安全性の確保につき民間事業者の自主的な活動を促進することにより、電気用品による危険および障害の発生を防止する」ことにあります。

電気用品の具体的な安全性要求は「電気用品の技術上の基準を定める省令」に記載されています。その中で、省令第1項に、プラスチック材料に関する主要な要求事項としては以下の項目があります。

a. 絶縁物の使用温度の上限値（**表7.2**）
b. ボールプレッシャー温度
c. 水平燃焼性
d. 垂直燃焼試験

7.2.2 IEC

IEC（国際電気標準会議）は、「電気及び電子の技術分野における標準化のすべての問題および関連事項に関する国際協力を促し、これによって国際的意志疎通を図ること」を目的にしています。わが国でも、国際規格であるIEC規格のJIS化が進められています。

IECでは、材料試験データの登録制度はなく、製品試験によって安全性を確認しています。

表7.2 使用温度の上限値表（熱可塑性樹脂）

種　　　　　類 （材　料　名）	区　分 （強化材）	使用温度の上限値	
		その1	その2
メタクリル樹脂	—	50	90
セルロース・アセテート樹脂 セルロース・アセテート・ブチレート樹脂	—	50	60
ポリスチレン	—	50	85
耐熱ポリスチレン	—	—	80
ポリエチレン	—	50	80
発泡ポリエチレン混合物（電線用）	—	60	—
架橋発泡ポリエチレン混合物（電線用）	—	—	105
ポリエチレン混合物（電線用）	—	75	—
架橋ポリエチレン	—	90	120
架橋ポリエチレン混合物（電線用）	—	90	125
塩素化ポリエチレン混合物（電線用）	—	90	110
アクリロニトリル・アクリルラバー・スチレン樹脂 アクリロニトリル・塩素化ポリエチレン・スチレン樹脂	—	55	85
アクリロニトリル・スチレン樹脂	—	55	105
アクリロニトリル・ブタジエン・スチレン樹脂 アクリロニトリル・ブタジエン・塩素化ポリエチレン樹脂	ガラス繊維	80	105
塩化ビニル樹脂 塩化ビニル混合物（電線用）	—	60	75
耐熱塩化ビニル樹脂 耐熱塩化ビニル混合物（電線用）	—	75	105
架橋塩化ビニル混合物（電線用）	—	75	105
ポリプロプレン	—	105	110
	ガラス繊維	110	120
ポリプロピレン混合物（電線用）	—	–	105
変性ポリフェニレンオキサイド	—	75	120
	ガラス繊維	100	140
ポリアセタール	—	100	120
	ガラス繊維	120	130
ポリアミド（ナイロン）	—	90	120
	ガラス繊維	120	130
ポリアミド混合物（電線用）	—	90	—
ポリカーボネート	—	110	125
	ガラス繊維	120	130
ポリエチレンテレフタレート	—	120	125
	ガラス繊維	130	150

		120	125
ポリブチレンテレフタレート	―	120	125
	ガラス繊維	135	150
ポリブチレンテレフタレート混合物（電線用）		120	―
耐熱ポリエチレンテレフタレート	フイルム	135	150
ポリふっ化ビニリデン混合物（電線用）	―	150	160
ポリクロロトリフルオロエチレン （三ふっ化エチレン樹脂）	―	150	180
エチレン–四ふっ化エチレン共重合物（電線用）	―	150	―
四ふっ化エチレン・六ふっ化プロピレン樹脂 四ふっ化エチレン・六ふっ化プロピレン混合物（電線用）	―	200	―
ポリテトラフルオロエチレン（四ふっ化エチレン樹脂） ポリテトラフルオロエチレン（四ふっ化エチレン）混合物（電線用）	―	250	―
アラミド（芳香族ポリアミド紙）	―	220	―
ポリスルホン	―	140	150
ポリエチレンナフタレート	―	155	―
パーフロロアルコキシ混合物（電線用）	―	250	―
ポリアリレート	―	120	―
	ガラス繊維	130	―

その1：過去の実績値　　その2：暫定値

以下、プラスチック関連のIEC整合のJIS規格を示します。
・JIS C2134―1996（湿潤状態での固体電気絶縁材料の比較トラッキング指数及び保証トラッキング指数を決定する試験方法）。
・JIS C0078–2000（環境試験方法–電気・電子–耐火性試験　ボールプレッシャー試験方法）
・JIS C0072–1997（環境試験方法–電気・電子–耐火性試験　グロワイヤー（赤熱押付試験方法―通則）
・JIS C0073–1997（環境試験方法–電気・電子–耐火性試験　グロワイヤー（赤熱押付試験方法―試験及び指針）

7.2.3　UL

ULは、Underwrites Laboratoriesの略であり、「公衆の安全のための試験」を目的とする非営利の民間認定機関です。その部門としては、電気、事故・化学品の危険性、火災・防災、暖房・空調・冷凍、盗難防止・信号、船舶などの安全性に関する業務を認定しています。

プラスチック関係の UL としては、以下の規格があります。

(1) **UL94**

材料の燃焼試験法とその結果に基づくランク付けしています。**表**7.3 に燃焼試験法と結果の区分を示します。

表7.3　UL 規格における成形材料の燃焼試験試験法と結果区分

試験法	整合 IEC 規格	区　　分
水平燃焼試験	IEC 60695011-10	HB
垂直燃焼試験	IEC 60695011-10	V-0、V-1、V-2
95-5V 燃焼試験	IEC 60695-11-20	5VA、5VB
薄手材料の垂直燃焼試験	ISO 9773	VTM-0、VTM-1、VTM-2
発泡材料の水平燃焼試験	ISO 9772	HBF、HF-1、HF-2

(2) **UL746A**

材料の短期的な電気的、機械的、熱的特性を測定するための試験方法とその試験結果によるランク付けについての規格です。

(3) **UL746B**

材料の長時間使用の温度インデックス（RTI：Relative Thermal Index）を決めるための規格です。これには、歴史的データに基づく方法、長時間の熱劣化試験による方法、配合処方の変更に関する追加試験方法などについての規格が含まれています。

例えば、長時間熱劣化による RTI を決定する方法を**図**7.1 に示します。この図のように、温度インデックス

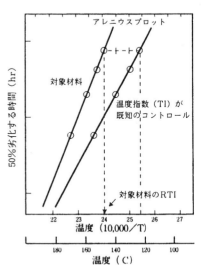

図7.1　長期劣化試験を実施して RTI を決定する方法

(TI)が既知の基準材料（コントロール材料）と比較して、対象材料のRTIを決定します。図の縦軸の時間は初期値の50％にまで劣化する時間です。また、基準材料がない場合には、50％まで劣化する時間が10万時間に相当する温度をRTIとしています。

(4) UL746C

電気製品に使用する材料について、用途毎に要求される特性とその試験方法についての規格です。用途区分としては、電気絶縁、構造及び操作、エンクロージャ（内部、外部）、装置及び危険でない用途などがあります。

(5) UL746D

電気関係に使われている製品の成形について、成形加工工程での管理に関する規格で、モルダープログラムと呼ばれます。

再生材の使用については、この規格で規定されています。

・バージン材に対する再生材の混合率が25％未満であれば、バージン材のUL認定値を使用することができる。

・25％以上の場合は、ULに申請して所定の試験を受けなければならない。

7.2.4 CSA

CSA（カナダ規格協会）は、非営利民間団体で、カナダの規格及び認証のサービスを行っています。プラスチック関係の規格はC22.2No.0.17に記載されており、その内容は、UL94、UL746A、UL746Bに対応しています。

7.3 環境、リサイクル関連法規・規格

7.3.1 化学物質の安全性に関する法規制

プラスチック材料には、着色剤、添加剤、充填剤、アロイ材が添加されます。基本ポリマーやこれらの成分に関しては、安全性に関する法規を遵守しなければなりません。関係する法規としては、化審法（化学物質の審査および製造などの規制に関する法律）、労働安全衛生法、毒物および劇物取締法、消防法、高圧ガス取締法、大気汚染防止法、水質汚濁防止法、その他などがあります。以下では、プラスチック関連の化学物質の安全性に関連した事項について述べます。

(1) **CAS NO**

CAS NO は Chemical Abstract Service Registry Number のことであり、化学物質毎に CAS NO がつけられています。化学物質の安全性に関する規制の対象物質であるか調べる場合には、この CAS NO が役に立ちます。後で述べる MSDS にも CAS NO が記載されています。

(2) **PRTR 法**

PRTR は Pollutant Release and Transfer Register の略です。欧米では、以前から法制化され実施されておりましたが、わが国では1999年7月に「特定化学物質の環境への排出量の把握及び管理の改善の促進に関する法律」として1999年7月に公布され、2001年に施行されました。その主な内容は以下の通りです。
・化学物質の排出量などの届け出の義務づけ
・対象物質の選定
・化学物質安全性データシート（MSDS）の交付の義務づけ

(3) **MSDS**

MSDS とは、Material Safety Data Sheet の略です。材料の安全性に関するすべての事項が記載されたデータシートで、PRTR、労働安全衛生法、毒物劇物取締法では、供給者からの提供が義務付けられています。MSDS の記載事項については、JIS Z7250（化学物質安全データシート）に定められています。

(4) **VOC 規制**

VOC（Volatile Organic Compounds）はホルムアルデヒド、トルエン、キシレン、スチレンなどの揮発性有機化合物のことです。シックハウス症候群、化学物質過敏症の原因物質となるため、発生量を低減することが求められています。厚生労働省は、VOC 対象13物質について室内濃度指針値を発表しています。

(5) **EU における規制**

RoHS（Restriction of Hazard Substances）指令は、有害物質使用制限令のことです。使用を禁止する物質は鉛、水銀、カドミウム、6価クロム、臭素系難燃剤の PBB および PBDE の 6 物質です。2006年7月1日から EU 域内で販売する製品には、これらの 6 物質は原則使用禁止になっています。

REACH (Registration, Evaluation and Authorization of Chemicals) は新化学物質規制のことです。この規制は、既存化学物質、新規化学物質の区別なく全ての物質とその用途について、製造・輸入・使用業者に安全性試験データ取得と登録を義務づける法律案です。EUにおいて、2007年6月に施行され、2008年6月から本格運用されています。

7.3.2 環境・リサイクル関係
(1) 環　境
　環境保護に関する法律としては、環境基本法、大気汚染防止法、水質汚濁防止法、特定物質の規制等によるオゾン層の保護に関する法律、悪臭防止法、廃棄物の処理及び清掃に関する法律、特定有害廃棄物等の輸出入等の規制に係る法律、特定化学物質等の環境への排出量の把握及び管理の改善の促進に関する法律（前項で説明）などがあります。
　これらの法律に関してプラスチックは、その製造工程で使用される副資材や各種配合剤などの化学物質に関してはこれらの法規の対象になります。
　その他、関連する法律としては、国等による環境物品等の調達の推進等に関する法律（グリーン購入法：2001年4月施行）があります。

(2) リサイクル
　リサイクルに関しては、再生資源の利用の促進に関する法律（リサイクル法）が1991年4月に制定されました。プラスチックに関しては、第一種指定製品に指定された自動車、テレビ、エアコン、冷蔵庫、洗濯機は、材料やデザインを工夫してリサイクルしやすい製品とし、材質表示をすることになっており、第2種指定製品（容器類）は識別のための材質表示をすることになっています。1993年6月における同法律の改定では、PETボトルが第2種に加えられました。一方製品別では、以下の法律があります。
・容器包装の分別収集及び再商品化の促進に係る法律(容器包装リサイクル法)
　　制定：1995年6月
　　施行：1997年4月（PETボトル）
　　　　　2000年4月（プラスチック製容器包装、発泡スチロールトレイ）
・特定家電機器再商品化法（家電リサイクル法）
　　制定：1998年6月
　　施行：2001年4月

対象商品：テレビ、エアコン、冷蔵庫、洗濯機
・自動車リサイクル法
　　制定：2002年7月
　　施行：2005年1月

7.3.3　消費者保護

製造物責任法（PL法：Products Liability）は、1997年7月から施行されました。

この法律は、製造物の欠陥により、損害が生じた場合、製造者等の損害賠償の責任について定めた消費者保護法です。この場合、損害は、人の生命、身体、財産にかかる損害であり、単なる製品の故障などは含まれません。この法律では、消費者は製品の欠陥、欠陥と事故との因果関係を立証すれば、製品を製造、販売した者が無過失であっても賠償責任を負うことになります。この場合、欠陥としては、設計、製造、表示などに関する欠陥があります。

7.4　用途関連の規格、法規

(1)　家庭用品品質表示法

消費者がその購入に際し、品質を識別することが困難で特に品質を識別する必要性の高いものが「品質表示の必要な家庭用品」として、家庭用品品質表示法により表示が義務付けられています。プラスチック製品については、原材料名、耐熱温度、耐冷温度、容量、取り扱い上の注意、表示者の（住所または電話番号）などを表示するように決められています。例えば、洗面器、たらい、バケツ、浴室用の器具、かご、盆、食事用、食卓用、台所用の器具、ポリエチレンまたはポリプロピレン製の袋、可搬型便器および便所用器具などが対象になります。

(2)　食品衛生法

食品衛生法の厚生労働省告示第370号には食品用器具および容器包装に関する規格基準が定められています。規格には一般規格と個別規格があります。

一般規格は食品用に使用される全てのプラスチック製器具および容器包装に適用されます。一般規格の基準値を**表7.4**に示します。試験は材質試験と溶出試験からなっています。

個別規格は次の樹脂について定められています。

表7.4　一般規格及び基準値

	試験項目	基準
材質試験	カドミウム、鉛	≦100ppm
溶出試験	重金属（溶出用液：4%酢酸）	≦1ppm
	過マンガン酸カリウム消費量（水）	≦10ppm

- ホルムアルデヒドを製造原料とするすべてのプラスチック
- ポリ塩化ビニル
- ポリエチレンおよびポリプロピレン
- ポリスチレン
- ポリ塩化ビニリデン
- ポリエチレンテレフタレート
- メタクリル樹脂
- ポリアミド
- ポリメチルペンテン
- ポリカーボネート
- ポリビニルアルコール

これらの規格は材料ではなく、容器および器具包装の製品に適用されます。

(3) ポリオレフィン等衛生協議会（ポリ衛協）の自主基準

プラスチック材料（樹脂、配合剤）およびそれを原料とする製品に関し、ポリ衛協は自主基準を定めています。自主基準はポジティブリスト衛生試験（材質試験と溶出試験）からなります。自主基準に適合していることが認められると、ポリ衛協の確認証明書が発行され、自主基準合格マークが交付されます。

(4) FDA 規格

FDA とは、Food and Drug Administration（食品医薬品局）の略です。米国の食品関連プラスチックに対する法規制は、その基本法である連邦食品医薬品化粧法（Federal Food, Drug and Cosmetic Act）において「食品添加物」は（直接的または間接的に食品の成分になるもの）と定義されており、プラスチックそのものに関する規格はないが、原則的に食品容器、包装などの成分は間接食品添加物として規制の対象になります。関連項目は次のとおりです。

Part176：容器・包装材に対する溶出試験条件　A～Hの8項目
   Part177：ポリマーに関する移行試験条件　A～Hの8項目
   Part178：プラスチック用添加剤に関する規定

〈参考文献〉
1）エンプラ技連、プラスチック関連規格ガイドブック（規格編、環境・安全編、用途編）

8　プラスチックの利用

8.1　プラスチックの上手な使い方

8.1.1　長所の利用
[軽くする]
　プラスチックは、金属、陶器、ガラスなどに比較して比重が小さいので、プラスチック化によって、製品の重量が軽減できます。携帯電話、カメラ、ノートパソコンなどは、ハウジングや内部機構部品にプラスチックを使用することによって、軽くて携帯に便利になりました。また、自動車の部品にも、プラスチックが使用され、軽量化による燃費低減に貢献しています。

[いろいろな形状の製品を作りやすい]
　6章で述べましたように、プラスチックはいろいろな成形方法で成形することができます。このようにいろいろな成形方法を採用できることが、用途の広がりに寄与しています。
　例えば、6章で述べた成形法では、以下のような製品を加工できます。
・複雑形状の成形品を成形する－射出成形法、トランスファー成形法
・強度・弾性率の高い成形品を成形する－引抜成形法、フィラメントワインディング、スタンパブルシート成形法など
・大型の成形品を成形する－FRP各種成形法、回転成形法、RIM成形法など
・ボトル状の成形品を成形する－各種ブロー成形法、回転成形法など
・トレイ状の成形品を成形する－真空成形法、圧縮成形法、射出成形法など
・タンクのような成形品を成形する－各種FRP成形法、回転成形法など
・パイプのような長物を成形する－押出成形法
・板、フィルムを成形する－押出成形法（Tダイ法、インフレーション法）
・糸を成形できる－モノフィラメント成形法（押出延伸）、溶融紡糸法など

[カラフルなデザインができる]
　2.6節で述べましたように、成形材料を作る工程で、製品として要望される色をつけることができます。着色した材料を用いて成形すれば、カラフルな成形品が得られます。特別な場合を除いては、後で塗装して色をつける必要はありません。フィラー入りの成形材料で、外観を要求する場合や自動車のオンラ

イン塗装などでは、塗装することもありますが、低い温度でキュアリングできるので、金属製品の塗装より容易です。

[生産性がよい]

プラスチックを用いると、成形方法にもよりますが、成形するための時間（成形サイクル）が短いこと以外に次のような点で生産性がよくなります。

① いくつかのパーツを一体化して成形できる。
② 多数個取りまたはファミリーモールドによって、一度に多数の成形品を成形できる。
③ 成形後の後加工が少ない。
④ スナップフィット、セルフタップ、はめ込みなどの方法を採用することによって、組立工程を簡略化できる。

8.1.2 欠点でもあるが長所にもなる性質の利用

プラスチックの欠点のようにみえる性質でも、利用の仕方によっては長所にもなる性質があります。

[弾性率が低い]

プラスチックの弾性率は低いので、剛性を必要とする製品の材料としては不利ですが、逆にこの性質を活かすこともできます。製品を組み立てる時に、スナップフィット方式をとることによって、組立工程が簡素化されますが、これは弾性率が低いから可能になる設計法です。また、家庭で用いる製品のハウジングでは、プラスチックは弾性率が低いため、誤って当たっても、プラスチックの方が柔らかくクッション性があるため、衝撃を和らげてくれる利点があります。

[熱伝導率が低い]

熱伝導率が低いと、ハウジング材料として用いた場合、内部の熱が逃げにくいため、内部温度が上昇する問題があります。反面、プラスチック製品は、手で触っても熱いと感じにくいという利点があります。このような利点から、食器やヘアドライヤーハウジングなどに使用されています。また、容器として用いた場合には内容物が冷えにくいという利点もあります。

［絶縁材料である］

　電気を通さないため、静電気が発生し、ごみがつきやすいという問題はありますが、絶縁材料であるため次の利点があります。電動工具やヘアドライヤーのハウジングでは、金属製では、感電に対する安全対策をしなければなりません。プラスチックは絶縁材料であるため、感電に対する安全性は確保されます。特に、欧米では、電圧が220Vであるため、２重絶縁がもとめられますが、プラスチックは安全対策がしやすいことから、プラスチックが好んで使用されています。

8.1.3　欠点の克服
［強度・剛性が低い］

　金属に比較すると、強度・弾性率が低いため、強度不足や変形不良を起こすことがよくあります。一般に設計の安全率は低くとらざるを得ないことが多く、割れ不良などを起こすことがあります。また、クリープ、応力緩和のようなプラスチック特有の現象もあります。

　プラスチック製品の設計段階では、材料の強度特性を事前によく理解して、安全な設計をする必要があります。このためには、CAEを活用し、構造解析により、設計検討をすることはもちろんですが、CAEだけに頼ることなく、モデルによる実用テストを実施して、どのような不具合が起こるか、現象を含めて事前にチェックしておくことも重要です。

［耐薬品性がよくない］

　プラスチックは、種類によって耐薬品性が異なります。また、薬品に侵されるだけではなく、非晶性プラスチック（PS、PMMA、ABS、PCなど）では、ソルベントクラックといって、溶剤や油などと接触するとクラックが発生することがあります。このような作用のあるものとしては、溶剤や油だけではなく、塗料、接着剤、インキ、添加剤などがあり複雑です。

　事前にそれぞれの影響をよく調べて、設計することが大切です。

［紫外線で劣化する］

　プラスチックは紫外線に長時間さらされると、大なり小なり分解します。紫外線で分解すると表面から白い粉が発生したり（チョーキング現象）、小さなクラックが発生します。紫外線が当たる用途では、紫外線吸収剤を添加して劣

化を防止したグレードを採用する必要があります。

[**燃えやすい**]
　プラスチックの種類によって違いますが、金属やガラスに比較すれば燃えやすいという難点があります。このため、難燃剤を配合した材料が開発されています。ただ、環境対応の点からハロゲン系の難燃剤は、非ハロゲン系のものに切り替わりつつあります。

[**自然界で崩壊しにくい**]
　プラスチックは自然界では、崩壊しにくいので環境汚染に結びついていることは、1章で述べました。今後、商品化に当たっては、廃棄後に有効利用することまで考えて商品化する必要があります。

8.2　用途の広がり

　プラスチックの応用分野は、自動車分野、家庭電気、電子・電機、事務機器・情報機器、機械・精密機器、建材・土木、車両、航空機、医療器具、スポーツ・安全器具、日用品、食品・包装など多岐にわたっています。
　各分野での主な要求性能と用途例を**表**8.1に示しました。いくつかの実用化例を、**図**8.1〜8.13に示しました。

8 プラスチックの利用

表8.1 プラスチックの要求性能と用途

分野		主な要求性能	用途
日用品	事務機器	・強度・剛性、耐衝撃性 ・軽量性 ・意匠性	事務用椅子部品 文具類
	家庭雑貨	・軽量性 ・意匠性 ・安全設計（衝突しても怪我しにくい）	バケツ ポリ容器
	食品容器	・食品衛生性 ・軽量性 ・意匠性	食器類 弁当箱 ウォーターボトル
	玩具	・食品衛生性 ・安全設計（割れにくい） ・軽量性	玩具各種
包装容器、フィルム		・ガスバリヤー性 ・食品衛生性 ・強度、耐熱性（熱物充填）	清涼飲料ボトル 各種食品包装フィルム
スポーツレジャー 保安器具		・軽量性 ・耐衝撃性 ・意匠性	釣り具 野球ヘルメット スキーゴーグル 保護メガネ
医療器具		・医療機器としての毒性スペックを満足すること。 ・耐滅菌性 ・寸法精度	注射筒 輸液用バッグ 歯科用器具 人工透析器ケース
土木・建材		・耐候性 ・強度・剛性 ・難燃性	ボルト、ナット 波板 配管、バルブ類 雨樋
機械、精密機器		・強度・剛性 ・寸法精度、寸法安定性 ・耐油性 ・摩擦磨耗性	電動工具ハウジング 農機具部品 カメラ部品 時計部品
車両		・難燃性、低発煙性 ・強度 ・軽量性	吊革取っ手 空調機部品（グリル、ダクトなど） 肘掛け
航空機		・難燃性、低発煙性 ・軽量性 ・強度、耐衝撃性	内装材 風防ガラス レーダアンテナのドーム

分野		主な要求性能	用途
自動車	エンジン周り部品	・耐熱性 ・強度・剛性 ・耐油性	インテークマニホールド 冷却ファン バッテリケース
	外装部品	・衝撃強度（面衝撃） ・耐候性 ・表面外観（クラスA） ・耐熱性（オンライン塗装）	バンパー フロントフェンダー サンルーフ周り ドアアウターハンドル
	内装部品	・強度（繰り返し応力、衝撃応力） ・摩擦摩耗性 ・耐紫外線性 ・耐熱性（室内温度上昇）	安全ベルト部品 インストルメントパネル グリップ類 インナハンドル
	灯具類	・透明性（レンズ類） ・耐候性 ・表面硬度（耐スクラッチ性）	ヘッドランプ テールランプ リフレクター
家庭電器		・難燃性 ・強度 ・外観	TV ヘアドライヤー 洗濯機 エアコン
事務機器	ハウジング	・難燃性 ・強度 ・耐熱性 ・耐紫外線性	複写機 ファックス プリンター
	内部機構部品	・難燃性 ・強度・剛性 ・寸法精度、寸法安定性	シャーシ類 ローラ類 ギヤー
電子・電機情報・通信	一般電子・電機	・難燃性 ・強度・剛性 ・寸法安定性	CDプレーヤ部品 デジカメ部品 VTRデッキ、カメラ コネクター類
	携帯端末	・強度・剛性 ・薄肉成形性	携帯電話ハウジング バッテリパックケース ラップトップパソコンハウジング
	情報関連	・透明性 ・低ダスト ・低複屈折性 ・転写性 ・薄肉成形性	CD-R、RW、ROM 液晶ディスプレー導光板

※各分野での代表的な要求性能を示すものであり、右欄の各用途の要求性能とは必ずしも一致しない。

8 プラスチックの利用

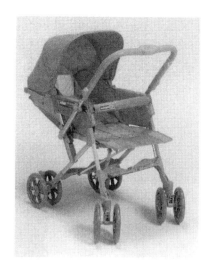

おもちゃ（旭化成ケミカルズ）

自転車部品（帝人）

図8.1 日用品（雑貨・玩具）

カップ麺容器（リスパック）

飲料水ボトル（日精ASB）

包装容器（リスパック）

フィルム（ポリプラスチックス）

図8.2　食品容器関係

8 プラスチックの利用

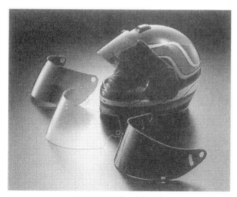
ヘルメット（帝人）

サングラス（三菱エンジニアリングプラスチックス）

釣りリール（三菱エンジニアリングプラスチックス）

保護具1（帝人）

保護具2（帝人）

保護具3（帝人）

図8.3　スポーツ、安全器具

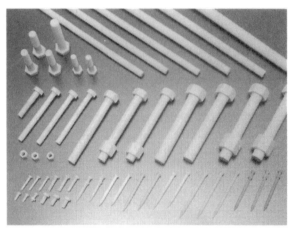

ボルトナット
(三菱エンジニアリング
 プラスチックス)

高速道路のフェンス
(三菱エンジニアリング
 プラスチックス)

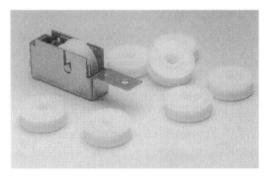

戸車
(三菱エンジニアリング
 プラスチックス)

図8.4　土木、建材

8　プラスチックの利用

インテークマニホールド（デュポン）

ヘッドランプ（ポリプラスチックス）

インナハンドル
（三菱エンジニアリングプラスチックス）

ガソリンタンク（日本製鋼所）

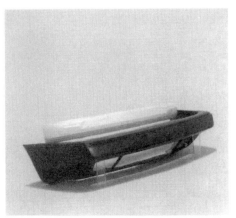
バンパー（BASF）

図8.5　自動車部品

携帯電話ハウジング
(帝人)

複写機ハウジング
(三菱エンジニアリング
プラスチックス)

CD
(三菱エンジニアリングプラスチックス)

図8.6　情報・通信・OA機器

8 プラスチックの利用

ヘアドライヤーハウジング
(ポリプラスチックス)

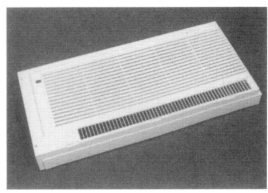

エアコンハウジング
(三菱レイヨン)

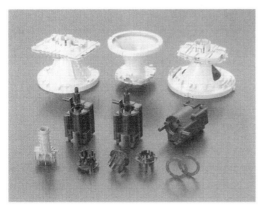

TV 部品
(三菱エンジニアリング
プラスチックス)

図8.7 家庭機器

日曜大工の電動工具ハウジング（帝人）

腕時計（三菱エンジニアリングプラスチックス）

カメラハウジング（帝人）

図8.8　機械・精密機械

8 プラスチックの利用

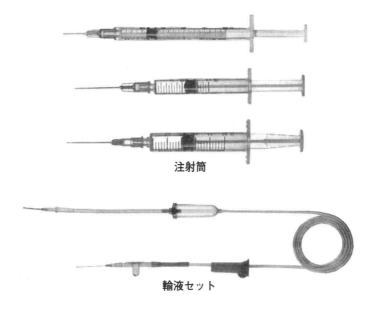

注射筒

輸液セット

図8.9 医療器具（テルモ）

ボート本体（産業資材新聞社）

図8.10 船艇

図8.11 航空機
　　　（内装材）
（GEプラスチックスジャパン）

図8.12 鉄道車両（肘掛）
（三菱エンジニアリングプラスチックス）

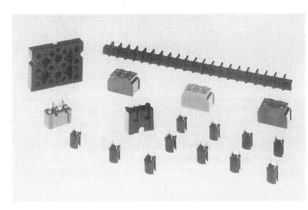

図8.13 熱硬化性製品
（東芝ケミカル）

参 考 資 料

資料1　石油からポリマーまでのフロー

資料2　プラスチックの記号および略語

資料3　プラスチックの表し方

資料4　プラスチックのＪＩＳ規格一覧

資料5　プラスチックの性能表

資料1

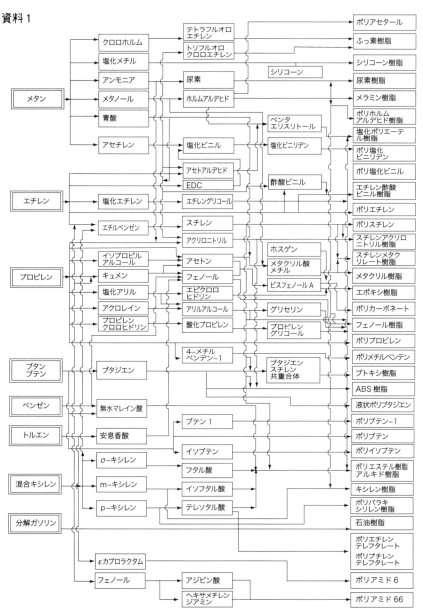

平川芳彦「石油化学の実際知識」P89　東洋経済新聞社（1986）の文献に追加したもの
石油からポリマーまでのフロー[12]

資料2

プラスチックの記号および略語
（JIS　K6899-1：2000）
単独重合体材料、共重合体材料および天然高分子材料に関する略語

略語	材料名	（参考）
ABAK	アクリロニトリル－ブタジエン－アクリル酸エステル	Acrylonitrile – butadiene – acrylate
ABS	アクリロニトリル－ブタジエン－スチレン	Acrylonitrile – butadiene – styrene
ACS	アクリロニトリル－塩素化ポリエチレン－スチレン	Acrylonitrile – chlorinated polyethylene – styrene
AEPDS	アクリロニトリル／エチレン－プロピレン－ジエン／スチレン	Acrylonitrile/ethylene – propylene – diene/styrene
AMMA	アクリロニトリル－メチルメタクリル酸メチル	Acrylonitrile – methyl methacrylate
ASA	アクリロニトリル－スチレン－アクリル酸エステル	Acrylonitrile – styrene – acrylate
CA	酢酸セルロース	Cellulose acetate
CAB	酢酸酪酸セルロース	Cellulose acetate butylate
CAP	酢酸プロピオン酸セルロース	Cellulose acetate propionate
CF	クレゾール－ホルムアルデヒド	Cresol – formaldehyde
CMC	カルボキシメチルセルロース	Carboxmethyl cellulose
CN	硝酸セルロース	Cellulose nitrate
CP	プロピオン酸セルロース	Cellulose propionate
CSF	カゼイン－ホルムアルデヒド	Casein – formaldehyde
CTA	三酢酸セルロース	Cellulose triacetate
EC	エチルセルロース	Ethyl cellulose
EEAK	エチレン－アクリル酸エチル	Ethylene – ethyl acrylate
EMA	エチレン－メタクリル酸	Ethylene – methacrylic acid
EP	エポキシド；エポキシ	Epoxide；Epoxy
E/P	エチレン－プロピレン	Ethylene – propylene
ETFE	エチレン－テトラフルオロエチレン	Ethylene – tetrafluoroethylene
EVAC	エチレン－酢酸ビニル	Ethylene – vinyl acetate
EVOH	エチレン－ビニルアルコール	Ethylene – vinyl alcohol
FF	フラン－ホルムアルデヒド	Furan – formaldehyde
LCP	液晶ポリマー	Liquid – crystal polymer
MBS	メタクリル酸エステル－ブタジエン－スチレン	Methacrylate – butadiene – styrene

MC	メチルセルロース	Methyl cellulose
MF	メラミン−ホルムアルデヒド	Melamine − formaldehyde
MMABS	メタクリル酸メチル−アクリロニトリル−ブタジエン−スチレン	Methyl methacrylate − acrylonitrile − butadiene − styrene
MPF	メラミン−フェノール−ホルムアルデヒド	Melamine − phenol − formaldehyde
PA	ポリアミド	Polyamide
PAEK	ポリアクリルエーテルケトン	Polyacryletherketone
PAI	ポリアミドイミド	Polyamideimide
PAK	ポリアクリル酸エステル	Polyacrylate
PAN	ポリアクリロニトリル	Polyacrylonitrile
PAR	ポリアリレート	Polyarylate
PB	ポリブテン	Polybutene
PBAK	ポリアクリル酸ブチル	Poly (butyl acrylate)
PBT	ポリブチレンテレフタレート	Poly (butylene terephthalate)
PC	ポリカーボネート	Polycarbonate
PCTFE	ポリクロロトリフルオロエチレン	Polychlorotrifluoroethylene
PDAP	ポリジアリルフタレート	Poly (diallyl phthalate)
PDCPD	ポリジクロロペンタジエン	Polydichloropentadiene
PE	ポリエチレン	Polyethylene
PEBA	ポリエーテルブロックアミド	Poly (ether block amide)
PEEK	ポリエーテルエーテルケトン	Polyetheretherketone
PEEKK	ポリエーテルエーテルケトンケトン	Polyetheretherketoneketone
PEEST	ポリエーテルエステル	Polyetherester
PEI	ポリエーテルイミド	Polyetherimide
PEK	ポリエーテルケトン	Polyetherketone
PEKEKK	ポリエーテルケトンエーテルケトンケトン	Polyetherketoneetherketoneketone
PEKK	ポリエーテルケトンケトン	Polyetherketoneketone
PEOX	ポリエチレンオキシド	Poly (ethylene oxide)
PES	ポリエーテルスルホン	Polyethersulfone
PESTUR	ポリエステルウレタン	Polyesterurethane
PET	ポリエチレンテレフタレート	Poly (ethylene terephthalate)
PEUR	ポリエーテルウレタン	Polyetherurethane
PF	フェノール−ホルムアルデヒド	Phenol − formaldehyde
PFA	ペルフルオロアルコキシルアルカンポリマー	Perfluoro alkoxy alkane polymer
PFEP	ペルフルオロ (エチレン−プロピレン)	Perfluoro (ethylene − propylene)
PI	ポリイミド	Polyimide

PIB	ポリイソブチレン	Polyisobutylene
PIR	ポリイソシアヌレート	Polyisocyanurate
PMI	ポリメタクリルイミド	Polymethacrylimide
PMMA	ポリメタクリル酸メチル	Poly (methyl methacrylate)
PMMI	ポリ (N－メチルメタクリルイミド)	Poly (N－methylmethacrylimide)
PMP	ポリ (4－メチルペンタ－1－エン)	Poly (4－methylpenta －1－ ene)
PMS	ポリ (α－メチルスチレン)	Poly (α－methylstyrene)
POM	ポリオキシメチレン；ポリホルムアルデヒド	Poly (oxymethylene)；Polyformaldehyde
PP	ポリプロピレン	Polypropylene
PPE	ポリフェニレンエーテル	Poly (phenylene ether)
PPOX	ポリプロピレンオキシド	Poly (propylene oxide)
PPS	ポリフェニレンスルフィド	Poly (phenylene sulfide)
PPSU	ポリフェニレンスルホン	Poly (phenylene sulfone)
PS	ポリスチレン	Polystyrene
PSU	ポリスルホン	Polysulfone
PTFE	ポリテトラフルオロエチレン	Polytetrafluoroethylene
PUR	ポリウレタン	Polyurethane
PVAC	ポリ酢酸ビニル	Poly (vinyl acetate)
PVAL	ポリビニルアルコール	Poly (vinyl alcohol)
PVB	ポリビニルブチラール	Poly (vinyl butyral)
PVC	ポリ塩化ビニル	Poly (vinyl chloride)
PVDC	ポリ塩化ビニリデン	Poly (vinylidene chloride)
PVDF	ポリフッ化ビニリデン	Poly (vinylidene fluoride)
PVF	ポリフッ化ビニル	Poly (vinyl fluoride)
PVFM	ポリビニルホルマール	Poly (vinyl formal)
PVK	ポリビニルカルバゾール	Poly (vinyl carbazole)
PVP	ポリビニルピロリドン	Poly (vinyl pyrrolidone)
SAN	スチレン－アクリロニトリル	Styrene － acrylonitrile
SB	スチレン－ブタジエン	Styrene － butadiene
SI	シリコーン	Silicone
SMAH	スチレン－無水マレイン酸	Styrene － maleic anhydride
SMS	スチレン－α－メチルスチレン	Styrene －α－ methylstyrene
UF	ユリア－ホルムアルデヒド	Urea － formaldehyde
UP	不飽和ポリエステル	Unsaturated polyester
VCE	塩化ビニル－エチレン	Vinyl chloride － ethylene

VCEMAK	塩化ビニル–エチレン–アクリル酸メチル	Vinyl chloride – ethylene – methyl acrylate
VCEVAC	塩化ビニル–エチレン–酢酸ビニル	Vinyl chloride – ethylene – vinyl acetate
VCMAK	塩化ビニル–アクリル酸メチル	Vinyl chloride – methyl acrylate
VCMMA	塩化ビニル–メタクリル酸メチル	Vinyl chloride – methyl methacrylate
VCOAK	塩化ビニル–アクリル酸オクチル	Vinyl chloride – octyl acrylate
VCVAC	塩化ビニル–酢酸ビニル	Vinyl chloride – vinyl acetate
VCVDC	塩化ビニル–塩化ビニリデン	Vinyl chloride – vinylidene chloride

特殊な性質を示す記号

記号	意味	(参考)
B	ブロック	block
B	臭素化（した）	brominated
C	塩素化（した）	chlorinated
D	密度	density
E	エラストマー	elastomer
E	発泡（した）；発泡性	expanded；expandable
F	柔軟な	flexible
F	流体（の）	fluid
H	高（い）	high
I	衝撃（性）	impact
L	線状（の）	linear
L	低（い）	low
M	中（間）の	medium
M	分子（の）	molecular
N	通常（の）	normal
N	ノボラック	novolak
O	配向（した）	oriented
P	可塑化（した）	plasticized
R	膨らました	raised
R	レゾール	resol
S	飽和（した）	saturated
S	スルホン化（した）	sulfonated
T	温度（耐熱性）（の）	temperature (resistance)
T	熱可塑性（の）	thermoplastic

T	熱硬化性（の）	thermosetting
T	高じん（靱）性（の）	toughened
U	超	ultra
U	無可塑	unplasticized
U	不飽和（の）	unsaturated
V	非常に	very
W	重量	weight
X	架橋（した）；架橋可能（の）	crosslinked；crosslinkable

記号の使用例

例1．可塑化ポリ塩化ビニル＝PVC－P

```
                        PVC－P
     基本重合体―――――――┘  │
     可塑化した―――――――――┘
```

例2．高衝撃性ポリスチレン＝PS－HI

```
                        PS－H I
     基本重合体―――――――┘  │ │
     第1の特性―――――――――┘ │
     第2の特性―――――――――――┘
```

例3．線状低密度ポリエチレン＝PE－LLD

```
                        PE－L L D
     基本重合体―――――――┘  │ │ │
     第1の特性―――――――――┘ │ │
     第2の特性―――――――――――┘ │
     第3の特性―――――――――――――┘
```

資料3　　　　　　プラスチック製品の表示方法
　　　　　　　　　　　（JIS　K 6999：2004）

1．製品への表示　プラスチック製品に表示する場合は、くぎりマーク">"
　"<"で挟んだ適切な記号または略語で、製品表面のいずれかの位置に表示する。

2．表示例

分　　類		表　示　例
単一構成素材からなる製品		アクリロニトリル−スチレン−ブタジエンの場合 　　＞ABS＜
ポリマーブレンドまたはアロイ		ポリカーボネートと、その中に分散したアクリロニトリル−ブタジエン−スチレンとのアロイの場合 　　＞PC＋ABS＜
特殊な添加物を含む組成物	充填材または強化材	鉱物粉末（MD）を30質量％含むポリプロピレンの場合 　　＞PP−MD30＜ 鉱物粉末（MD）15質量％及びガラス繊維（GF）25質量％の混合物を含むポリアミド66の場合 　　＞PA66−（GF25＋MD15）＜ 又は 　　＞PA66−（GF＋MD）40＜
	可塑剤	ジブチルフタレートを可塑剤として含むPVCの場合 　　＞PVC−P（DBP）＜
	難燃剤	鉱物粉末15質量％、ガラス繊維25質量％、さらに難燃剤として赤リン（52）を含むポリアミド66の場合 ＞PA66−（GF25＋MD15）FR（52）＜ 又は ＞PA66−（GF＋MD）40FR（52）＜
	分離しにくい2種以上の構成成分からなる製品	主要な質量を占めるアクリロニトリル−ブタジエン−スチレンが内挿されたウレタンを、目に見える材料であるポリ塩化ビニルの薄い被膜で覆っている3種類の成分からなる製品の場合 ＞PVC、PUR、<u>ABS</u>＜

3．表示の方法　表示は次のいずれかによる。
　　金型に記号を彫り成形過程で行う。
　　ポリマーのエンボス加工、メルトプリント（刻印押し）、その他で読み易く、かつ消えない表示方法で行う。

資料4　プラスチック成形材料関連のJIS一覧

(JISハンドブック「プラスチックI、II 2007年版」から引用した)

分　類	JIS
用語・記号・略語・データ表示	K6899-1、-2、-3、-4（記号及び略語） K6999（製品の識別および表示） K6900（用語） K7140（シングルポイントデータの取得と表示） K7141【マルチポイントデータの取得と表示　機械的特性（-1）、熱特性と加工特性（-2）、特性への環境影響（-3）】
状態調節及び標準雰囲気・試験片	K7100（状態調節及び試験のための標準雰囲気） K7139（多目的試験片） K7144（機械加工による試験片の調整） K7151（熱可塑性プラスチック材料の圧縮成形試験片） K7152【熱可塑性プラスチック材料の射出成形試験片 　　　-1（多目的試験片及び短冊試験片、-2（小形引張試験片、 　　　-3（小形角板）、-4（成形収縮率の求め方）】
機械的性質	K7106（片持ちばりの曲げこわさ試験方法） K7110（アイゾット衝撃強さの試験方法） K7111（シャルピー衝撃強さの試験方法） K7113（引張試験方法） K7115（クリープ特性の試験方法-引張クリープ） K7116（クリープ特性の試験方法-曲げクリープ） K7118（硬質プラスチックの疲れ試験方法通則） K7119（硬質プラスチック平板の曲げ疲れ試験方法） K7127（引張特性の試験方法-フィルム、シートの試験条件） K7160（引張衝撃強さの試験方法） K7161（引張特性の試験方法：通則） K7162（引張特性の試験方法：型成形、押出成形、注型プラスチックの試験条件） K7164（引張特性の試験方法：等方性及び直交異方繊維強化プラスチックの試験条件） K7171（曲げ特性の試験方法） K7181（圧縮特性の試験方法） K7202（硬さの求め方：ロックウエル硬度） K7204（摩耗論による摩耗試験方法） K7205（研磨材によるプラスチックの摩耗試験方法） K7211（硬質プラスチックのパンクチャー試験方法） 　　　-1（非計装化衝撃）、-2（計装化衝撃） K7214（打抜によるせん断試験方法） K7215（デュロメータ硬さ試験方法） K7218（滑り摩耗試験方法） K7244【動的機械特性の試験方法　-1（通則）　-2（ねじり振子） 　　　-3（曲げ振動）　-4（引張振動）　-5（曲げ振動）　-6（せん断振動）　-10（平行平板振動レオメータによる複素せん断粘度）】

燃焼性質		C60695-2-2（耐火性試験　ニードルフレーム試験方法） C60695-2-10（グローワイヤ試験装置及び一般試験方法） C60695-2-11（最終製品に対するグローワイヤ燃焼試験方法） C60695-2-12（材料に対するグローワイヤ燃焼試験方法） C60695-2-13（材料に対するグローワイヤ着火試験方法） C60695-2-20（グローイング／ホットワイヤ試験法） C60695-10-2（ボールプレッシャ試験方法） C60695-11-10（50W試験炎による水平及び垂直燃焼試験法） C60695-11-20（500W試験炎による燃焼試験法） K7193（高温空気炉を用いた着火温度の試験方法） K7201【酸素指数による燃焼性の試験方法　-1（通則）　-2（室温における試験）】 K7217（燃焼ガスの分析方法） K7228（煙濃度及び燃焼ガスの分析方法） K7242-2（シングルチャンバ試験による煙の光学的密度試験方法） K7340（フィルム及びシートの垂直の炎の広がり試験方法） K7341（小火炎に接触する可とう性フィルムの垂直燃焼試験方法）
熱的性質		K7120（熱重量測定方法） K7121（転移温度測定方法） K7122（転移温度測定方法） K7123（比熱容量測定方法） K7191【荷重たわみ温度　-1（通則）-2（プラスチック及びエボナイト）-3（熱硬化性積層材及び繊維強化プラスチック）】 K7195（ヒートサグ試験方法） K7197（熱機械分析による線膨張係数試験方法） K7206（ビカット軟化温度（VST）試験方法） K7212（熱安定性試験方法－オーブン法） K7216（ぜい化温度試験方法）
物理的・化学的性質		K7105（光学的特性試験方法） K7107（定引張変形下における耐薬品性試験方法） K7108（薬品環境応力亀裂試験方法－定引張応力法） K7112（非発泡プラスチックの密度及び比重測定法） K7114（液体薬品への浸漬効果を求める試験方法） K7117-1（ブルックフィールド型回転粘度計による見かけ粘度の測定方法） K7117-2（回転粘度計による定せん断速度での粘度測定法） K7136（透明材料のヘーズの求め方） K7142（屈折率測定方法） K7199（キャピラリーレオメータ及びスリットダイレオメータによる流れ特性試験方法） K7209（吸水率の求め方） K7210（メルトマスフローレート（MFR）及びメルトボリュームレイト（MVR）の試験方法） K7250【灰分の求め方-1（通則）　-2（ポリアルキレンテレフタレート）　-3（ポリアミド）】 K7251（水分含有率の求め方） K7361-1（透明材料の全光線透過率の試験方法） K7365（規定漏斗から注ぐことができる材料の見かけ密度の求め方）

電気的性質	C2110	（絶縁耐力の試験方法）
	C2134	（湿潤状態での固体電気絶縁材料の比較トラッキング指数及び保証トラッキング指数を決定する試験方法）
	K7131	（プラスチックフィルムの熱刺激電流試験方法）
	K7194	（導電性プラスチックの4深針法による抵抗率試験法）
暴露試験方法	K7101	（着色プラスチック材料のガラスを透過した日光に対する色堅ろう度試験方法）
	K7102	（着色プラスチック材料のカーボンアーク燈光に対する色堅ろう度試験方法）
	K7200	（耐光（候）試験機の照射エネルギー校正用標準試験片）
	K7219	（直接屋外暴露、アンダーグラス屋外暴露及び太陽集光促進屋外暴露試験方法）
	K7226	（長期熱暴露後の時間−温度限界の求め方）
	K7227	（湿熱、水噴霧及び塩水ミストに対する暴露効果の測定方法）
	K7350	【実験室光源による暴露試験方法 −1（通則）−2（キセノンアーク光源）−3（紫外線蛍光ランプ）−4（オープンフレームカーボンアークランプ）】
	K7362	（アンダーグラス屋外暴露、直接屋外暴露又は実験室光源による暴露後の色変化及び特性変化の測定方法）
	K7363	（耐候性試験における放射露光量の機器測定）
樹脂別のJIS	K6921（PP）, K6922（PE）, K6924（E/VAC）, K6925（PB）、K6936（PE-UHMW）、K6876（ASA, AEPDS, AES, ACS）, K6923（PS）, K6926（PS-I）, K927（SAN）, K6934（ABS）, K6720（PVC）, K6923（軟質ポリ塩化ビニルコンパウンド）, K6740（PVC-U）, K7366（PVC‐P）, K6717（PMMA）, K6938（MABS）, K6920（PA）, K6937（TP）, K6719（PC）, K7364（POM）, K6896（四ふっ化エチレン樹脂成形分）、K6935（ふっ素ポリマーのディスパージョン）、K7137（PTFE）, K7315（PPE）, K7315（PPS）, K7314（熱可塑性ポリエステルエラストマー及びポリエステル/エステルエラストマー成形用及び押出用材料	

資料5　プラスチックの性能表

樹脂		性　質		ASTM測定法	フェノール樹脂（木粉充填）	尿素樹脂（αセルロース充填）
成形	1a	メルトフローレイト	(g/10min)	D1238		
	1	融点, ℃　　Tm（結晶）Tg（非結晶）			熱硬化	熱硬化
	2	成形温度範囲, ℃（C：圧縮成形 T：Transfer 成形）（I：射出成形 E：押出成形）			C：143-193 I：166-204	C：135-177 I：143-160 T：132-149
	3	成形圧力範囲,	MPa		13.8-138	13.8-138
	4	圧縮比			1.0-1.5	2.2-3.0
	5	成形収縮率,	m/m	D955	0.004-0.009	0.006-0.014
機械的性質	6	引張破断強度,	MPa	D651, 638	34.5-62.1	38-90
	7	破断伸び,	%	D651, 638	0.4-0.8	<1
	8	引張降伏強度,	MPa	D651, 638		
	9	圧縮強度（破断又は降伏）,	MPa	D695	172.5-214	173-311
	10	曲げ強度（破断又は降伏）,	MPa	D790	48.3-96.6	34.5-124
	11	引張弾性率,	MPa	D651, 638	5,520-11,730	6,900-10,400
	12	圧縮弾性率,	MPa	D695		
	13	曲げ弾性率, MPa　23℃ 　　　　　　　　　93℃ 　　　　　　　　　121℃ 　　　　　　　　　149℃		D790 D790 D790 D790	6,900-8,280	8,970-11,040
	14	アイゾット衝撃強度（ノッチ）, J/m（1/8inch. test piece）		D256A	10.7-32.0	13.4-21.4
	15	硬度,　　　　　　Rockwell 　　　　　　Shore/Barcol		D785 D2240/ D2583	M100-115	M110-120
熱的性質	16	線熱膨張係数,	10^{-6}/℃	D696	30-45	22-36
	17	荷重たわみ温度, ℃　1.82MPa 　　　　　　　　　　0.45MPa		D648 D648	149-188	127-143
	18	熱伝導率,	W/(m・K)	C177	0.167-0.334	0.084-0.418
物理的性質	19	比重,		D792	1.37-1.46	1.47-1.52
	20	吸水率, %　　　　　　　24h（1/8in. test piece）　　飽和		D570 D570	0.3-1.2	0.4-0.8
	21	絶縁破壊強さ, v./mil（1/8- in. test piece）		D149	260-400	300-400
		用　途			電気・電子部品（ソケット・配線基板, モーター部品, ヒューズブレーカー, メーターカバー, スイッチ, 等）．機械（ボビン, スペーサー, ローラー, 等）．自動車（ブレーキ, 計器, 配線部品, 等）．家庭用品（やかんの取手, 等）．	食器, ボタン．機械部品．（塗料, 合板用接着剤が主用途）．

出所：プラスチックデータ・ハンドブック　P5〜13　工業調査会（1999）

樹脂		性質		ASTM 測定法	メラミン樹脂 (セルロース充填)	ポリエステル樹脂 (Premix, chopped glass reinforced)	エポキシ樹脂 (Bisphenol molding comp., Mineral-filled)
成形	1a	メルトフローレイト (g/10min)		D1238			
	1	融点, ℃	Tm (結晶) Tg (非結晶)		熱硬化	熱硬化	熱硬化
	2	成形温度範囲, ℃ (C：圧縮成形 T：Transfer 成形) (I：射出成形 E：押出成形)			C：138-188 I：93-171 T：149	C：138-177	C：121-166 T：121-193
	3	成形圧力範囲, MPa			55.2-138	3.5-13.8	0.69-20.7
	4	圧縮比			2.1-3.1	1.0	2.0-3.0
	5	成形収縮率, m/m		D955	0.005-0.015	0.001-0.012	0.002-0.010
機械的性質	6	引張破断強度, MPa		D638	34.5-90	20.7-69	27.6-74.5
	7	破断伸び, %		D638	0.6-1	〈1	
	8	引張降伏強度, MPa		D638			
	9	圧縮強度（破断又は降伏）, MPa		D695	227-311	138-207	124-276
	10	曲げ強度（破断又は降伏）, MPa		D790	62-110	48-138	41.4-124
	11	引張弾性率, MPa		D638	7,590-9,660	6,900-17,250	2,415
	12	圧縮弾性率, MPa		D695			4,485
	13	曲げ弾性率, MPa	23℃ 93℃ 121℃ 149℃	D790 D790 D790 D790	7,590	6,900-13,800	9,660-13,800
	14	アイゾット衝撃強度 (ノッチ), J/m (1/8inch. test piece)		D256A	10.7-21.4	80-854	16-26.7
	15	硬度, Rockwell Shore/Barcol		D785 D2240/ D2583	M115-125	Barcol 50-80	M100-M112
熱的性質	16	線熱膨張係数, 10^{-6}/℃		D696	40-45	20-33	20-60
	17	荷重たわみ温度, ℃ 1.82MPa 0.45MPa		D648 D648	177-199	〉204	107-260
	18	熱伝導率, W/(m・K)		C177	0.27-0.42		0.17-1.46
物理的性質	19	比重,		D792	1.47-1.52	1.65-2.30	1.6-2.1
	20	吸水率, % 24h (1/8in. test piece) 飽和		D570 D570	0.1-0.8	0.06-0.23	0.03-0.20
	21	絶縁破壊強さ, v./mil (1/8- in. test piece)		D149	270-400 175-215@100℃	345-420	250-420
		用途			塗料が主用途	GF を加えた BMC, SMC が広く使われる。 建材関係（流し台, 浄化槽, 浴槽, 等）. 運輸関係（漁船, ボート, ヨット, 自動車バンパー, ステップ, マンホール蓋, 等）. 工業部品（パイプ, 薬品タンク, 等）.	電気, 電子分野（プリント配線基板, 半導体封止材, コネクターカバー, 等）. 土木, 建築資材（床材, 止水材, 補修材, 等）. 塗料, 接着剤, 構造材, 食品分野（飲料缶の内部や外部のコーティング, 等）.

ポリ塩化ビニル (PVC – Acetate MC)		ポリエチレン		
硬質	軟質	低密度／LDPE Branched homopolymer	高密度／HDPE Homopolymer	超高分子量／ UHMW – PE
		0.25–27.0	5–18	
23.9–40.6	23.9–40.6	98–115 –25	130–137	125–138
C：140–204 I：149–213	C：140–177 I：160–196	I：149–232 E：121–232	I：177–260 E：177–274	C：204–260
69–276	55.2–173	35–104	83–104	6.9–13.8
2.0–2.3	2.0–2.3	1.8–3.6	2	
0.002–0.006	0.010–0.050	0.015–0.050	0.015–0.040	0.040
40.7–51.8	10.5–24.2	8.3–31.4	22.1–31.1	38.6–48.3
40–80	200–450	100–650	10–1,200	350–525
40.7–44.9		9.0–14.5	26.2–33.1	21.4–27.6
55.2–89.7	6.2–11.7		18.6–24.8	
69–110				
2,415–4,140		173–283	1,070–1,090	
2,070–3,450		242–331	1,001–1,553	897–966
21.4–1,175	wide range	No break	21.4–214	No break
Shore D65–85	Shore A50–100	Shore D44–50	Shore D66–73	R50 Shore D61–63
50–100	70–250	100–220	59–110	130–200
60–77 57–82		40–44		43–49 68–82
0.15–0.21	0.125–0.167	0.33	0.46–0.50	
1.30–1.58	1.16–1.35	0.917–0.932	0.952–0.965	0.94
0.04–0.4	0.15–0.75	〈0.01	〈0.01	〈0.01
350–500	300–400	450–1,000	450–500	710
建材（平板，パイプ，波板，継ぎ手，配水管，樋，等）． 農業用（給水，配水管，栽培用支柱，等）． 日用品（硬質ホース，等）． 包装関係，その他．	建材（ホース，壁紙，電線カバー，等）． 農業用（農ビ，等）． 日用品（椅子カバー，レザー，カバン，靴，コート，履き物，等）． 包装関係（シャンプー容器，包装用フィルム，シート，等）．	フィルム（食品包装，ショッピングバック，衣料用包装，肥料包装，重包装，等）． 加工紙（牛乳パック，等）． 洗剤包装，防水紙袋，等）． 電線被覆，パイプ，日用品雑貨類，医療関係の容器や包装，等．	コンテナー（ビールクレート，農産物用，等）． 瓶（小型瓶，灯油缶，ドラム缶，等）． 日用品（バケツ，ザル，玩具，等）． フィルム（強化フィルム，ショッピングバック，等）． パイプ，ひも，パレット，交通標識，等．	耐摩耗性の利用（食品，セメント等を扱うサイロ，ホッパー，配管などのライニング，等）． 潤滑性の利用（スキーの滑走面，ギヤ，歯車，スケートリンク，等）． 工業関係（トラックの荷台，ガスケット，等）． 人工骨，義肢材，等．

樹脂		性質	ASTM 測定法	ポリプロピレン		ABS 樹脂 High – impact grade
				Homopolymer	Copolymer	
成形	1a	メルトフローレイト （g/10min）	D1238	0.4–38.0	0.6–44.0	1.1–18
	1	融点，℃　　Tm（結晶） 　　　　　　Tg（非結晶）		160–175 −20	150–175 −20	91–110
	2	成形温度範囲，℃ （C：圧縮成形 T：Transfer 成形） （I：射出成形 E：押出成形）		I：191–288 E：204–260	I：191–288 E：204–26	C：163–177 I：193–2740
	3	成形圧力範囲，　　　　　MPa		69–138	69–138	55.2–173
	4	圧縮比		2.0–2.4	2–2.4	1.1–2.0
	5	成形収縮率，　　　　　　m/m	D955	0.010–0.025	0.010–0.025	0.004–0.009
機械的性質	6	引張破断強度，　　　　　MPa	D638	31.1–41.4	27.6–38.0	30.4–43.5
	7	破断伸び，　　　　　　　　%	D638	100–600	200–500	5–75
	8	引張降伏強度，　　　　　MPa	D638	31.1–37.3	20.7–29.7	17.9–40.7
	9	圧縮強度（破断又は降伏），MPa	D695	38.0–55.2	24.1–55.2	31.1–55.2
	10	曲げ強度（破断又は降伏），MPa	D790	41.4–55.2	34.5–48.3	37.2–75.9
	11	引張弾性率，　　　　　　MPa	D638	1,139–1,553	897–1,242	1,035–2,415
	12	圧縮弾性率，　　　　　　MPa	D695	1,035–2,070		966–2,070
	13	曲げ弾性率，MPa　　　23℃ 　　　　　　　　　　93℃ 　　　　　　　　　　121℃ 　　　　　　　　　　149℃	D790 D790 D790 D790	1,173–1,725 345 242	898–1,380 276 207	1,235–2,588
	14	アイゾット衝撃強度（ノッチ），J/m （1/8inch. test piece）	D256A	21.4–74.8	58.7–748	320–561
	15	硬度，　　　　　　Rockwell 　　　　　　　Shore/Barcol	D785 D2240/ D2583	R80–102	R65–96 Shore　D70–73	R85–106
熱的性質	16	線熱膨張係数，　　　10⁻⁶/℃	D696	81–100	68–95	95–110
	17	荷重たわみ温度，℃　1.82MPa 　　　　　　　　　　0.45MPa	D648 D648	49–60	54.4–60 85–104	96–102 annealed 99–107 annealed
	18	熱伝導率，　　　　　W/（m・K）	C177	0.12	0.147–0.167	
物理的性質	19	比重，	D792	0.900–0.910	0.890–0.905	1.01–1.05
	20	吸水率，% 　　　　　　　　24h （1/8in. test piece）　　飽和	D570 D570	0.01–0.03	0.03	0.20–0.45
	21	絶縁破壊強さ，　　　　v./mil （1/8– in. test piece）	D149	600	600	350–350
		用　　途		日用品（家庭用台所用品，湯桶，等）． フィルム（包装用透明フィルム）． 電気関係（テレビ・ラジオケース， テーブルタップ，家電ケース，等）． コンテナー類（ビールコンテナ，等）． 容器（小型・大型びん，等）． ひも（延伸モノフィラメント，バン ド，ロープ，雑紐，等）． 自動車部品（バンパー，等）． 機械部品，文具，パイプ，シート， 繊維，等．		家電製品ハウジング （エアコン，テレビ， パソコン，ラジオ，等）． 自動車部品（ラジエー ターグリル，メーター ケース，等）． 文具，家具（机，椅子， アタッシュケース，等）． 日用品（玩具，化粧 品容器，トイレ部品， 等）． スポーツ用品，楽器．

ポリスチレン		メタクリル樹脂 PMMA	ポリアミド	
GP – PS High and medium flow	HI – PS (Rubber – modified)		Nylon 6	Nylon 66
	5.8	1.4–27	0.5–10	
74–105	–105	85–105	210–220	255–265
C：149–204 I：177–260 E：177–260	I：177–274 E：191–260	C：149–218 I：163–260 E：182–260	I：277–288 E：227–274	I：260–327
34.5–138	69–138	35–138	6.9–138	6.9–173
3	4	1.6–3.0	3.0–4.0	3.0–4.0
0.004–0.007	0.004–0.007	0.001–0.004（flow） 0.002–0.008(trans)	0.003–0.015	0.007–0.018
35.9–51.8	13.1–42.8	48.3–72.5	41.4–165.6	95(Dry), 76(50% RH)
1.2–2.5	20–65	2–5.5	30–80(Dry), 30(50%RH)	15–80(Dry), 150–300(50% RH)
	14.5–41.4	53.8–73.1	90.4(Dry),51(50% RH)	55–83(Dry), 45–59(50%RH)
82.8–89.7		72.5–124	90–110(Dry)	86–104(Dry)
69–100.7	22.8–69	72.5–131	108(Dry), 40(50% RH)	124(Dry), 42(50% RH)
2,277–3,278	1,104–2,553	2,242–3,243	2,620–3,200(Dry), 690–1,700(50%RH)	1590–3800(Dry), 1590–3450(50% RH)
3,312–3,381		2,553–3,174	1,725(50% RH)	
2,622–3,381	1,104–2,691	2,242–3,174	2,690–2,830(Dry), 960(50% RH)	2830–3240(Dry), 1280(50% RH)
18.7–24.0	50.7–374	10.7–21.4	32–117(Dry), 160(50% RH)	29.4–53.4(Dry), 45.4–112(50% RH)
M60–75	R50–82, L–60	M68–105	R119, M100–105(Dry)	R120, M83(Dry), M95–105(50% RH)
50–83	44.2	50–90	80–83	80
76–94 68–96	77–96 74–93	68–100 74–107	68–85(Dry) 175–191(Dry)	70–100(Dry) 218–246(Dry)
0.126		0.167–0.252	0.243	0.243
1.04–1.05	1.03–1.06	1.17–1.20	1.12–1.14	1.13–1.15
0.01–0.03 0.01–0.03	0.05–0.07	0.1–0.4	1.3–1.9 8.5–10.0	1.0–2.8 8.5
500–575		400–500	400(Dry)	600(Dry)
電気機器部品(TV ハウジング, オーディオ, VTR, カセット透明部品, TV バックカバー, カセットケース, OPS シート, 等). 自動車部品(メーターカバー, ランプカバー, 等). 日用品(透明食器, 発泡トレー, 弁当容器, 等). 文具(定規, シャープペンシル軸, 等). 照明関係(カバー, 照明の傘, 等). 包装関係(発泡スチロール, 漁箱, 等). 玩具, 医療機器, 等.		照明(蛍光灯カバー, シャンデリア, 等). 光学(窓ガラス, 光ファイバー, LD, CD, 等). 自動車(ランプカバーレンズ, センターマーク, 等). 電気(計器盤カバー, 等). 日用品(ボールペン, 等). 医学関係, 建材関係, 等.	自動車(コネクター, リザーブタンク, ランプリフレクター, ラジエーターファン, ワイパーギヤ, 等). 電気電子(コイルボビン, ターミナルボルト, 電動工具, コネクター, カイッチハウジング, 等). 機械部品(ローラー, バルブ, ワッシャー, パッキン, カム, チューブ, エアーフィルター, 等). フィルム, モノフィラメント, 建材(アルミサッシ部品, 滑車, 台車, 戸車, 等). 日用品(くし, ナイフ, フォーク, 椅子, キャスター, プロパン容器, 等).	

樹脂		性質	ASTM 測定法	ポリアセタール		ポリカーボネート
				Homopolymer	Copolymer	
成形	1a	メルトフローレイト（g/10min）	D1238	1-20	1-90	3-30
	1	融点，℃　Tm（結晶） Tg（非結晶）		172-184	160-175	150
	2	成形温度範囲，℃ （C：圧縮成形 T：Transfer 成形） （I：射出成形 E：押出成形）		I：193-243	C：171-204 I：182-232	I：271-293
	3	成形圧力範囲，　　　　MPa		69-138	55-138	55-138
	4	圧縮比		2.0-4.5	3.0-4.5	1.74-5.5
	5	成形収縮率，　　　　　m/m	D955	0.018-0.025	0.020（Avg.）	0.005-0.007
機械的性質	6	引張破断強度，　　　　MPa	D638	67-69		63-72
	7	破断伸び，　　　　　　％	D638	10-75	15-75	110-150
	8	引張降伏強度，　　　　MPa	D638	66-83	57-72	62
	9	圧縮強度（破断又は降伏），MPa	D695	108-124@10%	110@10%	69-86
	10	曲げ強度（破断又は降伏），MPa	D790	94-110	90	83-97
	11	引張弾性率，　　　　　MPa	D638	2,760-3,588	2,600-3,200	2,380
	12	圧縮弾性率，　　　　　MPa	D695	4,620	3,100	2,420
	13	曲げ弾性率，MPa　　23℃ 　　　　　　　　　93℃ 　　　　　　　　　121℃ 　　　　　　　　　149℃	D790 D790 D790 D790	2,620-3,380 828-932 518-621	2,550-3,100 	2,280-2,350 1,900 1,690
	14	アイゾット衝撃強度（ノッチ），J/m （1/8inch.testpiece）	D256A	59-123	43-80	640-960（1/8inch） 107-123（1/4inch）
	15	硬度，　　　　　Rockwell 　　　　　Shore/Barcol	D785 D2240/ D2583	M92-94, R120	M75-90	M70-75
熱的性質	16	線熱膨張係数，　　10⁻⁶/℃	D696	50-112	61-110	68
	17	荷重たわみ温度，℃　1.82MPa 　　　　　　　　0.45MPa	D648 D648	123-136 162-172	85-121 155-166	121-132 134-142
	18	熱伝導率，　　　W/（m・K）	C177	0.23	0.23	4.7
物理的性質	19	比重，	D792	1.42	1.40	1.2
	20	吸水率，％　　　　　　24h （1/8in. test piece）　飽和	D570 D570	0.25-1 0.90-1	0.20-0.22 0.65-0.80	0.15 0.32-0.35
	21	絶縁破壊強さ，　　　v./mil （1/8－in. test piece）	D149	400-500（90mil）	500（90mil）	380->400
		用　　　途		電気電子（電子レンジ，スイッチ，ファクシミリ部品，電話機ダイヤル，テープリール，等）． 自動車（ラジエーター，フューエル関連部品，ヒーターファン，エアコンバルブ，ワイパー，等）． 機械部品（歯車，ギヤ，カム類，軸受け，ローラー，ミシン，自転車，等）． 建設，配管（アルミサッシ部品，カーテンライナー，水道メーター，家具キャスター，等）． その他（ファスナー，炊飯器部品，スキー部品，ライタータンク，等）．		電気関係（コネクター，リレー部品，ヘアードライヤー，テレビ部品，複写機シャシー，等）． 情報関係（コンパクトディスク，ミニディスク，携帯電話ハウジング，等）． 自動車部品，建材関係，医療機器，食品包装，等．

ポリテトラフルオロエチレン	ポリエチレンテレフタレート	ポリブチレンテレフタレート	ポリメチルペンテン	変性ポリフェニレンエーテル (PPE/PS系, 低Tg grade)
			26	
327	212-265 68-80	220-267	230-240	100-112
	I：227-349 E：271-304	I：224-274	I：266-321 E：266-343	I：204-316 E：216-260
13.8-34.5	13.8-48.3	28-69	6.9-69	82.7-138
2.5-4.5	3.1	2-3.5	1.3-3	
0.030-0.060	0.002-0.030	0.009-0.022	0.016-0.021	0.005-0.008
21-35	48-72	56-60	15.9-17.2	46.9-53.8
200-400	30-300	50-300	20-120	48-50
	59	56-60	15.2-23.4	44.8-53.8
11.7	76-104	59-100		82.4-113.1
	83-124	83-115	43.4-57.2	57.2-88.3
400-550	2,760-4,140	1,930-3,000	1,100-1,930	2,137-2,620
410		2,590	790-1,180	
550	2,420-3,100	2,280	483-1,310 248 179 117	2,241-2,758 1,793
160	13.4-37.4	38-53	104-156	156-313
Shore D50-65	M94-101, R111	M68-78	R35-85	R115-116
70-120	65	60-95	15-50	38-70
46 71-121	21-66 75	50-85 116-191	49-54 82-88	80-102 110
0.25	0.14-0.15	0.176-0.288	0.1672	0.159
2.14-2.20	1.29-1.40	1.30-1.38	0.833-0.835	1.04-1.10
<0.01	0.1-0.2 0.2-0.3	0.08-0.09 0.4-0.5	0.01	0.06-0.1
480	420-550	420-550	1,096-1,098	400-665
工業用品(化学工場用バルブ, ガスケット, 配管コーティング, 等). 建築資材(ドーム屋根). 家庭用品(調理器具, フライパンのコーティング, 等). 電気絶縁分野. 樹脂改良材(摩耗性, しゅう動性等の改良).	繊維. ボトル(清涼飲料水, 醤油, 食用油, 炭酸飲料, 等). 工業用品(家電熱機器ハウジング, 等).	自動車部品(ワイパー部品, ミラーハウジング, コネクター等). 電気用途(電動工具, コネクター, スイッチハウジング, バルブ, 端子板等). 機器(空圧機器, 時計部品, 等).	医療関係(注射器, シャーレ, 三方コック等). 電気関係(電子レンジ用トレー部品等). その他(化粧品容器キャップ, パイプ, 食品容器, 等).	電気機器ハウジング及び部品(アイロン, テレビ, エアコン, コネクス, 加湿器, VTR, コーヒードリップ等). 通信機器(複写機, プリンター, ファックス, 電話機, パソコン等). 自動車部品(コネクター, 内装部品, インスツルメントパネル等).

樹脂		性質	ASTM測定法	ポリフェニレンスルフィド	熱可塑性ポリイミド	ポリエーテルイミド
成形	1a	メルトフローレイト (g/10min)	D1238		4.5-7.5	
	1	融点, ℃　　Tm (結晶) 　　　　　　Tg (非結晶)		285-290 88	388 250-365	215-217
	2	成形温度範囲, ℃ (C：圧縮成形 T：Transfer 成形) (I：射出成形 E：押出成形)		I：310-338	C：329-366 I：390-393 E：390-393	I：338-427
	3	成形圧力範囲,　　　　MPa		34.5-103.4	20.7-140	69-138
	4	圧縮比		2-3	1.7-4	1.5-3
	5	成形収縮率,　　　　　m/m	D955	0.006-0.014	0.0083	0.005-0.007
機械的性質	6	引張破断強度,　　　　MPa	D638	48.3-86.2	72.4-117	97
	7	破断伸び,　　　　　　%	D638	1-6	52-620	60
	8	引張降伏強度,　　　　MPa	D638		82.7-89.6	105
	9	圧縮強度 (破断又は降伏),　MPa	D695	110	121-276	151
	10	曲げ強度 (破断又は降伏),　MPa	D790	96.5-145	68.95-198.6	152
	11	引張弾性率,　　　　　MPa	D638	3,310	2,069-2,758	2,965
	12	圧縮弾性率,　　　　　MPa	D695		2,172-2,413	3,310
	13	曲げ弾性率, MPa　　23℃ 　　　　　　　　　93℃ 　　　　　　　　　121℃ 　　　　　　　　　149℃	D790 D790 D790 D790	3,792-4,137	2,482-3,448 1448	3,310 2,551 2,482 2,413
	14	アイゾット衝撃強度 (ノッチ), J/m (1/8inch. test piece)	D256A	<26	78.1-88.6	52.1-65.2
	15	硬度,　　　　　　Rockwell 　　　　　　Shore/Barcol	D785 D2240/ D2583	R123-125	E52-99, R129, M95	M109-110
熱的性質	16	線熱膨張係数,　　　10⁻⁶/℃	D696	27-49	45-56	47-56
	17	荷重たわみ温度, ℃　1.82MPa 　　　　　　　　0.45MPa	D648 D648	100-135 199	238-360	197-200 207-210
	18	熱伝導率,　　　　W/ (m・K)	C177	0.0836-0.288	0.096-0.176	0.0418
物理的性質	19	比重,	D792	1.35	1.33-1.43	1.27
	20	吸水率, %　　　　　24h (1/8in. test piece)　飽和	D570 D570	0.01-0.07	0.24-0.34 1.2	0.25 1.25
	21	絶縁破壊強さ,　　　v./mil (1/8- in. test piece)	D149	380-450	415-560	500
用途				電気部品 (スイッチ, コネクター, 電気機器精密部品, 複写機用爪等). 自動車部品 (バルブ, キャブレター部品, 等). 機械部品 (カメラ部品, 機械部品, 歯車, 等).	航空宇宙産業関係 (宇宙通信, サテライト部品, 等). 機械機器部品 (ICソケット, コイルボビン, 等). 機械部品 (ギア, 軸受, ロール, 等). 化学部品 (ポンプハウジング, 等).	電気電子部品 (プリント基板, スイッチ, ICソケットカバー, リレーベース, ボビン, 等). 精密機器 (歯車, カメラ部品, センサー). 自動車部品 (スイッチ類, コネクター, ボビン, 等). 建材関係 (ボルト, ネジ, 止め具, 等).

ポリアミドイミド	ポリスルホン	ポリエーテルスルホン	ポリエーテルエーテルケトン	液晶ポリマー (30%ガラス繊維配合) (Du Pont, polymer)
	3.5-9			
275	187-190	220-230	334	
C：316-343 I：321-371	I：329-399 E：315-371	C：340-379 I：310-399 E：329-382	I：349-399 E：349-382	I：349-366
13.8-276	34.5-138	41-138	69-138	27.6-55
1.0-1.5	2.5-3.5	2-2.5	3	2.5-3
0.006-0.0085	0.0058-0.007	0.006-0.007	0.011	0.09
152		67.6-95.1	70.3-103	150
15	50-100	6-80	30-150	2.7
192	70.3-80	84-90	91	
221	95.8-276	81-108	124	105
241	106-121	117-129	110	170
4,827	2,482-2,689	2,413-2,827		20,690
	2,578			6,895
5,033	2,689 2,551 2,413 2,137	2,400-2,620 2,275 1,931	3,861 2,999 2,000	11,720 6,210 5,520
141	52.1-67.7	>73	83.4	125
E86	M69	M85-88		M61
30.6	56	55	40-47 （>150℃） 108 （>150℃）	13-37
278	174 181	196-203 210	160	256 277
0.259	0.259	0.134-0.184		
1.42	1.24-1.25	1.37-1.46	1.30-1.32	1.67
0.33	0.3 0.8	0.12-1.7 1.8-2.5	0.1-0.14 0.5	0.002 0.05
580	425	400		740
電気部品．機械部品（ベアリング，ギア，バルブ，等）．	機械関係（時計部品，カメラ部品，事務機器部品，等）．電気・電子関係（VTRデッキメインベース，電子レンジ部品，ICキャリア，コネクター，スイッチ，ブッシング，等）．自動車部品（オートヒューズ，ダイナモ部品，センサー，等）．	電気関係（スイッチ，ソケット，ボビン，コネクター，リレーケース，等）．自動車関係（マニホールド，等）．機械関係（ベアリング，リテーナ，ドライヤーカバー，等）．医療関係（血液分析器，酸素吸入器，等）．その他(分離膜，パッキング，フィルム，等)．	電線被覆．耐熱水製品（ポンプハウジング，スチームトラップ，等）．機械関連（ギア，複写機部品，等）．電気・電子部品（絶縁材，コネクター，等）．	電気・電子部品（コネクター，リレーターンテーブル，プリント基板，等）．自動車部品（コンプレッサーピストンリング，ショックアブソーバ部品，等）．事務用機器（複写機部品，等），等．

147

著者略歴

本間 精一
ほんま　せいいち

昭和14年(1939年)	新潟県に生まれる
昭和38年(1963年)	東京農工大学工業化学科卒業
同　　年	三菱ガス化学（旧三菱江戸川化学）入社
	ポリカーボネート樹脂の応用研究に従事
	その後、プラスチックセンターにてポリカーボネート、
	ポリアセタール、変性PPEなどの研究開発に従事
平成6年(1994年)	三菱エンジニアリングプラスチックスに移籍
	品質保証、企画開発、市場開発などを担当
平成13年(2001年)6月	三菱エンジニアリングプラスチックスを退社
同　年　7月	本間技術士事務所開設

平成14年4月30日　初　版発行
令和2年1月27日　第5版発行

監　修　全日本プラスチック製品工業連合会
著　者　本　間　精　一

初歩プラシリーズ
やさしいプラスチック成形材料 新版

定価：本体1,748円（税別）

発　行　株式会社 三光出版社
〒223-0064　横浜市港北区下田町4−1−8−102
電話 045-564-1511　FAX 045-564-1520
郵便振替口座　00190−6−163503
http://www.bekkoame.ne.jp/ha/sanko
E−mail：sanko@ha.bekkoame.ne.jp

印刷　株式会社　信英堂　　製本所　有限会社　若葉製本所

資 料 編

（広　告）

広告掲載会社一覧

スペース	社名
表2	旭化成
表3	住友重機械モダン
表4	ポリプラスチックス
表2対向	帝人
序文対向	アーブテクノ
本扉対向	トミー機械工業
本扉裏	大日精化工業
1（広告第1頁）	ホロン精工
2	PSジャパン
3	二葉産業
4	チバダイス
5	マース精機

スペース	社名
6	カワタ
7	田辺プラスチックス機械
8	曙金網産業
9	ホーライ
10	東洋機械金属
11	ダイセルポリマー
12	富士ケミカル
13	日精樹脂工業
14	栗本鐵工所
15	レプコ
16	東レエンジニアリング
17	シプロ化成／三光出版社
18	三光出版社
19	三光出版社
20（表3対向）	中村科学工業

超コンパクト空冷式造粒機

Patented 特許取得 第4824003号

イー・ペレッター
e・PELLETER

空冷式造粒機(オフライン用)
EP50-4 / EP50-8

画期的
- 押出機からの溶融ストランドをペレットにカットする成形工場向けの造粒機です。
- エンプラを主眼に、粉砕材では満足できない成形向けに、バージン材と同形状のペレットを製造できます。
- 特殊超短スクリュの採用により、樹脂の品質劣化を極限まで抑えられます。
- 空冷式ですので成形前の予備乾燥が不要です。また、マスターバッチを使用したカラーリングにも利用できます。

経済的
- コンパクトでシンプルに設計されているので、低コストで提供できます。
- さらに、自社工場内でのペレット製造が容易になり、廃棄していたランナーの処理費用や、外注先でのペレット加工していた委託費用の削減に貢献します。

簡単
- 溶融ストランドは冷空で冷やされながら自動的にカッター部へ移動しますので、わずらわしい装置内の手作業が不要です。
- スクリュとカッターの速度、ヒーター温度、エアー流量を設定すれば容易に稼働できます。

EP50-4
外形寸法　W580×D910×H1560mm
重　量　150Kg

造粒例

LCP　　PBT　　エラストマー

プラマグ

POM(カラーリング)

プラスチックのリサイクルに技術で貢献します。

〒389-0822 長野県千曲市上山田3813-191
TEL. 026-276-0323　FAX. 026-275-6284

インターネットホームページ
www.holon-seiko.co.jp

技術力で社会環境に貢献する
ポリスチレン専業メーカー

PSジャパン株式会社（以下PSJ）は、国内最大のポリスチレン専業メーカーとして、今日まで皆様の多大なるご支援により成長してまいりましたが、今後とも私どもの経営理念に則り成長し続けることが重要と考えております。
PSJの経営理念、それは「顧客・社会・株主に貢献する経営を通じて、社員の幸福を追求し続ける」企業であること。私達はこの理念の実践のため、真のリーディングカンパニーとして、No.1の顧客信頼度、No.1の品質・品位・開発力、No.1のコスト競争力を目指すとともに、地球環境へ配慮したグローバルに存在感のある独自性・個性あふれる会社の実現に、より一層努力していく所存でございます。
皆様にはこれまで以上にご支援賜りますよう宜しくお願い申し上げます。

ポリスチレン樹脂のリーディングカンパニー
PSジャパン株式会社
〒112-0002　東京都文京区小石川1-4-1　住友不動産後楽園ビル18F
TEL：03-5689-6564　FAX：03-5689-6566　http://www.psjp.com/index.html

創業1919年。
プラスチックのことなら何でもご用命承ります。

主な取扱い品目

▶▶ **成形材料**
　　熱硬化性
　　熱可塑性汎用樹脂
　　エンプラ樹脂各種

▶▶ 工業用フェノール・レジン

▶▶ 成形機および各種付属機器

▶▶ 精密金型および精密成形品

主な取扱いメーカー

▶▶ 住友ベークライト㈱

▶▶ 三菱エンジニアリングプラスチックス㈱

▶▶ UMG ABS ㈱

▶▶ 旭化成㈱

▶▶ ポリプラスチックス㈱

▶▶ DIC㈱

▶▶ ㈱ニイガタマシンテクノ

 二葉産業株式会社

〒105-0014　東京都港区芝3-17-4　TEL(3451)8246　FAX(3456)3856
URL : http://www.futaba-jp.net/　Email : sale-elec@futaba-jp.net

小形歯車に関する問題を解決する **チバダイス** の技術とは？

小さな歯車・大きく育む

多彩な生産技術を有するので、もう材質や工法などで悩む必要はありません。
更に歯形開発から騒音、強度、耐久性の問題を解決する研究所も開設。
ワンストップでお客様を強力にサポートします。

●詳しくはホームページで
http://www.chibadies.co.jp/
チバダイス で 検索

プラスチック歯車

スピード・トライ.
納期3日間〜の射出成形品高速試作

ノブシック・ギヤ.
かみあい率を2倍にした静音快転歯車

プラスチック歯車用金型
ウォームを始め、高精度歯車生産を実現

金 属 歯 車

CD加工
独自の長尺棒からの歯車加工法。
φ1mm程度の小径歯車加工にも有効

転造ウォーム
歯面の美しいウォームは、
相手歯車にも優しい

傘 歯 車
切削加工による量産が可能

ソリューション

PGS研究所
歯車機構、材料の開発支援から騒音、強度、
耐久試験までサポート

検査具

フレ検査具
中心穴にピンゲージを入れたら
すぐに簡単・歯車のフレ測定

株式会社 チバダイス 営業技術センター

〒340-0834 埼玉県八潮市大曽根414　TEL(048)997-6621 FAX(048)997-6625

— 皆様のニーズにおこたえするマース —

電線被覆装置

ベント式押出機

異形、チューブ、パイプ、フィルム
シート押出成形装置

電線自動巻取機 自動切替自動脱着

ペレット製造装置

堅型押出機　25m/m～50m/m

テスト装置

シート成形　150m/m 押出機

ペレタイザー

（営業品目）
　○プラスチック各押出機　○ペレット製造装置　○Ｔダイフィルム・シート・ラミネート
装置　○電線被覆装置　○各種異形押出装置　○インフレーション装置　○各種産業機械

株式会社 マース精機

埼玉県川口市南鳩ヶ谷 6-15-2　〒334-0013
TEL.048-285-1991　FAX.048-285-1996
http://www.marth.co.jp

成形工場の生産性向上を全力支援！

計る 質量計量混合機
Gravimetric Batch Blender

オートカラーリミテッド　LC-50Z
3種混合、コストダウンタイプ

オートカラーⅡ　ACA-Zbシリーズ
材料使いきりモードを標準装備

乾かす 窒素乾燥機
Nitrogen Dryer

M-STABILIZER　DOシリーズ
材料にダメージを与えず安定成形

カワタのIoT技術で生産現場とつながる！
KAWATA Smart-Link

チャレンジャーⅢ　DFBシリーズ
メンテナンス性の高さが大好評

ジャストサーモ　TWFシリーズ
水用（MAX.180℃）

金型急温急冷システム　TESシリーズ
スチームタイプ

乾かす 脱湿乾燥機
Dehumidifying Dryer

調える 金型温度調節機
Temperature Controller

先進技術とトータルシステムで貢献
株式会社 カワタ
KAWATA MFG. CO., LTD

本社・大阪営業所　〒550-0011　大阪市西区阿波座1丁目15番15号　TEL.06-6531-8011　FAX.06-6531-8216
東京営業所　　　　〒104-0033　東京都中央区新川1丁目2番10号　　TEL.03-3523-5680　FAX.03-3523-5682
名古屋営業所　　　〒461-0021　名古屋市東区大曽根1丁目2番22号　TEL.052-918-7510　FAX.052-911-3450
仙　台　TEL.022-308-6361／埼　玉　TEL.048-224-0008／南関東　TEL.046-229-6828
静　岡　TEL.054-287-2040／広　島　TEL.082-568-0541／九　州　TEL.092-412-6767
三田工場　TEL.079-563-6941

海外拠点：アメリカ、メキシコ、中国、シンガポール、タイ、マレーシア
　　　　　台湾、インドネシア、ベトナム、フィリピン

https://www.kawata.cc/

ハイスクリーン（押出機用金網）
各種工業金網・ストレーナー製作

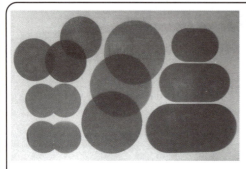

ハイ スクリーン

生産性向上のためにハイスクリーンをご使用下さい。現在500数社に御使用戴いて、これは便利だと好評を得ております。貴社にて御使用中の金網の材質・網目・直径を御一報下されば同じ見本と見積書を御送り申し上げます。

◎材　質：ステンレス
◎メッシュ：20メッシュ～300メッシュ

■規格寸法丸形300種・小判型70種在庫有
■モネル・ハステロイ等受注生産致しております。
■円筒形ストレーナー、重層スクリーンパック、
　アルミリング付製作も致します。

クリーン ワイヤー

スクリュー（射出成形機、押出機、中空成形機）を速く経済的かつスクリュー本体をいためずに完全に清浄します。

◎材質：銅
◎巾190mm　長さ15m　1巻3kg
◎￥15,000-

納期迅速　　在庫豊富
サクラエース印

曙金網産業株式会社

〒120-0038 東京都足立区千住橋戸町22番地
TEL.(03) 3882-2211 (代)　　FAX.(03) 3879-0211
http://www.akebono-net.co.jp

プラスチック製品の生産から再生、廃棄まで…
粉砕機の
ホーライがお役に立ちます。

Pシリーズ粉砕機　Vシリーズ粉砕機　Zシリーズ粉砕機　Uシリーズ粉砕機　低速スクリーンレス粉砕機　金属検出選別装置

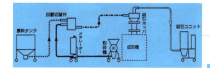

射出・ブロー成形ライン ▲

▼ フィルム・シート成形ライン

▼ 廃プラスチック・リサイクル

BOシリーズ粉砕機　PIシリーズ粉砕機　二段式粉砕機　FGシリーズ粉砕機

プッシャー付き一軸回転剪断式破砕機

シートペレタイザー　フィルム造粒機　マルチエアー空送システム　油圧押切り式切断機

破砕・洗浄・脱水装置

株式会社 ホーライ

大阪営業事業所
〒577-0065　東大阪市高井田中2-1-1
TEL.06-6618-6222　FAX.06-6618-6224

東京営業事業所
〒110-0015　東京都台東区東上野5-1-8(上野富士ビル7F)
TEL.03-3843-6161　FAX.03-3841-0714

名古屋営業事業所
〒456-0053　名古屋市熱田区一番1-14-27
TEL.052-681-1746　FAX.052-681-4584

http://www.horai-web.com/

		射出成形・ブロー成形						真空・圧空成形	リサイクル
						フィルム・シート成形			
		ランナー	成形不良	ブローバリ	樹脂ブロック	原反不良	トリムエッジ	コンバーティングロス	廃プラスチック
粉砕機	Pシリーズ粉砕機	●							
	Vシリーズ粉砕機	●	●						
	Uシリーズ粉砕機	●	●	●	●				
	Zシリーズ粉砕機	●							
	BOシリーズ粉砕機					●	●	●	
	PIシリーズ粉砕機					●	●		
	シートペレタイザー						●		
破砕	EHシリーズ破砕機				●				●
	KBシリーズ破砕機								●
周辺機器	材料自動輸送・混合装置	●	●			●		●	
	マルチエアー空送システム	●				●		●	
	フィルム造粒機					●			
	油圧切断機			●					●

電動サーボ射出成形機
Fully Electric Injection Molding Machine PLASTAR Si-6S

Si-6s series

制御システムを一新したPLASTAR Si-6Sシリーズ。
お客様の視点でバージョンアップした最新電動サーボ射出成形機です。

新制御
SYSTEM 800
用の美
The beauty of use

最適型締を実現する「Vクランプ」型締機構
京都大学との共同開発により完成した、V字形のトグル機構「Vクランプ」によるセンタープレス効果で、均一な型締力分布を実現。

新制御 SYSTEM 800「用の美」
大画面18.5インチワイドカラーLCD搭載。最新技術によりに進化したHMI(Human-Machine Interface)ユーザビリティの向上、ユーザーへのジャストフィットを実現。

射出ユニット性能向上
高速射出ユニット「K750E」をラインアップ標準射出ユニット「K600E」に比べ射出速度を約138%にアップ(250mm/sec)。薄肉容器のニーズに対応。

環境性能向上
食品容器など衛生管理の必要な成形に有効なプラスターグリースH1-2を準備。

Si-6Sシリーズラインアップ
[小型シリーズ] Si-50-6S / Si-80-6S / Si-100-6S / Si-130-6S / Si-180-6S / Si-230-6S
[中型シリーズ] Si-280-6S / Si-350-6S / Si-450-6S
[大型シリーズ] Si-550-6S / Si-680(700)-6S / Si-850-6S / Si-950(1000)-6S

Si-6
[大型] Si-1300-6

TOYO 東洋機械金属株式会社

www.toyo-mm.co.jp

Customer's Value Up
～お客さまの商品価値向上をめざす～

本社・工場：〒674-0091 兵庫県明石市二見町福里523-1
TEL.078-942-2345(代表) FAX.078-943-2375

支店：東京/関西/中部/京/西日本
営業所：全国9ヶ所 海外ネットワーク：61ヶ所

Bactekiller® バクテキラー®

暮らしの中の細菌、カビの活動を抑制し
清潔で快適な暮らしを追求した
安全性の高い**無機系抗菌剤**。

《 プラスチック製品用抗菌マスターバッチ 》
　抗菌剤各種樹脂対応グレード

クリンベル
表面改質剤／防汚剤

特徴

「クリンベル」はジメチルポリシロキサン構造を持ったシリコーンオイルと共に増強剤をポリオレフィン樹脂に添加・混合・反応させることによって作られた**表面改質剤**です。

① **撥水性の付与**
　　樹脂表面の水切れが良く汚れた水滴の付着を防ぎます。
② **撥油性の付与**
　　樹脂表面に付着した油、垢など汚れの拭き取りが簡単になります。
③ **安全性に優れています**
　　厚生労働省の溶出試験に適合し、ポジティブリストにも登録されています。
④ **効果が持続します**
　　樹脂表面が温水、流水の環境でも表面改質効果は持続します。

富士ケミカル株式会社
（旧社名 カネボウ化成株式会社 化成品事業部）
第二事業本部　機能樹脂部　市場開発課
〒550-0002　大阪市西区江戸堀1－15－27 アルテビル肥後橋10F
TEL 06－6444－3928　FAX 06－6444－3916
http://www.fuji-chem.co.jp/

NISSEI
Injection for Innovation
――― 継承から革新へ

日精樹脂工業は、創業より積み重ねてきたモノづくりへの想いを継承し、更なる革新に繋がる高い技術力と成形現場から生まれる発想を核とした多彩な技術提案をお届けします。

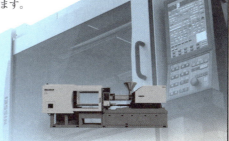

油圧機の固定概念を一新する。

ハイブリッド式高性能射出成形機
FNX360Ⅲ-100L

PNX-Ⅲseries（全2機種）　FNX-Ⅲseries（全8機種）
型締力
40　60　80　110　140　180　220　280　360　460

電気式のメリットを最大限発揮する。

新型電気式高性能射出成形機
NEX180Ⅳ-36E

NEX-Ⅳseries（全9機種）
型締力
30　50　80　110　140　180　220　280　360

射出成形をトータルサポート
Total support for injection molding

射出成形機 Injection molding machine	成形支援システム Molding support system	材　料 Material	金　型 Mold
	サポート Support	市場ニーズ Market needs	成形工法 Molding methods

幅広い成形機ラインアップに加え、システム化・自動化から新材料・各種成形工法、周辺・金型・工場レイアウトまで射出成形をトータルサポートいたします。

NISSEI
射出成形機・金型・成形支援システム
日精樹脂工業株式會社

本社・工場／〒389-0693　長野県埴科郡坂城町南条2110
［営業部］TEL：0268-81-1050　FAX：0268-81-1551

プラスチックに クリモトの2軸混練機

KRC KNEADER
CONTINUOUS KNEADER

2軸混練押出機

"KRC"ニーダは

ポリプロピレン・ポリエチレン・PVA・ABSやエンプラを含めた熱可塑性樹脂、フェノール・ユリア・メラミン・エポキシなどの熱硬化性樹脂のコンパウンディング用、顔料分散用および添加剤・充填剤との混合・混練に適しています。

■混練機構
- パドルの1枚づつの自由な組替えによって滞留時間の調整及び軸方向の材料の内部圧力をも調整できます。
- 一対のパドルおよびスクリューは、常に一方の先端が他方をこするように回転します。(一定のクリアランスはあります)したがって、どちらのパドルやスクリューにも材料が付着することが少なく前方へと送られます。またトラフのパドルのクリアランスも少ないため、トラフへの付着も少なくなります。
- 材料はパドルの回転に伴なって圧縮・引延しの体積変化を受けると同時に、軸方向の物質移動が誘発されてマクロな混合を行ないます。

■特長
1. コストパフォーマンス(2軸エクストルーダとの比較で)
2. 抜群な連続混練性能
3. 組合せが自由なパドル
4. セルフクリーニング作用
5. 広範囲な材料粘度
6. 材料の動きはピストンフロー
7. コンパクトでメンテナンス・フリー
8. 安価な維持費

##
TWIN-SCREW COMPOUNDING EXTRUDER

深溝型2軸混練押出機

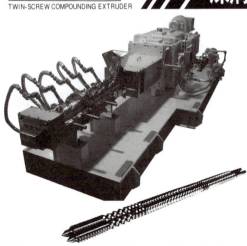

KEXDエクストルーダ

クリモトが30年来培ってきた押出機及び混練機のノウハウを基に、今回、高回転数・高トルクに対応可能な深溝型2軸押出機"KEXD"を開発しました。本装置は、連続式のコンパウンド及び化学反応工程に適しており、分散性・混練性・トルク・処理量に対し優れた能力を発揮します。

■特長
スクリューの断面形状をよりシャープにすることで、原料の充満する容積を増加することができ、処理量のアップが可能になりました。
また軸の形状や材質、ギヤボックス・継手の構造等を改良することで、高トルク・高回転数での運転が可能になり、従来と比較して更に用途が広くなりました。

> 断面積が従来の押出機と比較して、40%※大きいことにより、滞留時間や処理量の増加が可能になります。　　　　　　　　　　　※当社比較

 株式会社 栗本鐵工所 〈機械事業部〉

本　社　〒550-8580　大阪市西区北堀江1丁目12番19号　TEL(06)6538-7679
東京支店　〒108-0075　東京都港区港南2丁目16番2号　TEL(03)3450-8571
住吉工場　〒559-0021　大阪市住之江区柴谷2丁目8番45号　TEL(06)6686-3219

鱗片状充塡材
レプコマイカ

マイカの電子顕微鏡写真

対象分野	特性	用途
プラスチックス	剛性、耐熱性、反り防止	自動車部品、家電部品、OA機器部品
	ダンピング特性	音響製品部品、防音防振材
	摺動特性	工業用部品（ギアー、カム等）
	断熱性、絶縁性、バリアー性	包装材料、容器
塗料	寸法安定性、バリアー性	重防蝕用塗料
	滑性、クラック防止	外装吹付け塗料、ルーフィング材
ゴム	耐熱性、寸法安定性、ダンピング特性	自動車部品、家電部品、OA機器部品
	耐油性、耐薬品性	工業用品
建材	寸法安定性、耐熱性、不燃性	セメント製品、石膏ボード、内外装材
	クラック防止、滑性	シーリング材、工期縮小材
その他	フレークライニング	消火剤
	不燃性、難燃性	難燃紙
	バリアー性	防湿紙
	寸法安定性、滑性	パテ、接着剤
	離型性	離型材（鋳物、金型等）

株式会社レプコ

東京本部　〒102-0071　東京都千代田区富士見1-5-5　第二大新京ビル1階　TEL:03-6256-8541　FAX:03-6256-8543
本社工場　〒705-0133　岡山県備前市八木山330番地　　　　　　　　　TEL:0869-62-1781(代表) FAX:0869-62-2026
URL:http://www.repcoinc.co.jp　　E-mail:info_repco@repcoinc.co.jp

東レの高分子技術が光る

射出成形機用 東レ・ミキシングノズル
MIXING NOZZLE
TMNシリーズ

色ムラの解消。均一化

東レ・ミキシングノズルは定評ある東レ静止型管内混合器の応用機器として、東レのもつ高度な高分子技術を駆使し、新たに開発した特長ある射出成形機用ミキシングノズルです。お手持ちの射出成形機を何ら改造することなく現状のノズルととりかえるだけで、成形品のグレードアップ、品質の安定化、顔料・着色剤の節約など収益性の向上が期待できます。

東レ・ミキシングノズルによる色替サンプル(例)

1　2　3　4　5　6　7　8　9　10　11

開始（ショット数）　　　　　　　　　　　完了

顕微鏡による粒子分散テスト

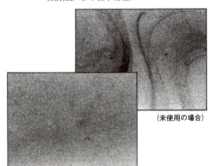

（未使用の場合）

（東レ・ミキシングノズル使用の場合）

特長
1. 長さが短く小型で低圧損
2. 成形品の品質の安定と着色ムラを解消
3. 着色成形品に最適
4. 高性能、高速射出に最適
5. 成形品の寸法精度と強度の向上

'TORAY'

東レエンジニアリング株式会社

エレクトロニクス事業本部　第二事業部営業部　営業3グループ
東京：〒103-0028 東京都中央区八重洲1-3-22（八重洲龍名館ビル）
　　　TEL：(03) 3241-8461　FAX：(03) 3241-1702
滋賀：〒520-2141 滋賀県大津市大江1-1-45
　　　TEL：(077) 544-6224　FAX：(077) 544-1679
ホームページアドレス　http://www.toray-eng.co.jp/

SHiPRO™

大切な人、モノ、資源を太陽光から守る

■ 紫外線吸収剤 SEESORB

■ 酸化防止剤 SEENOX

近年では、紫外線と可視光の境界である 400nm 前後の光も人体、プラスチック、有機材料などに悪影響を及ぼすことが指摘されていることから、弊社は 400nm を強く吸収する長波長紫外線吸収剤を開発いたしました。あらゆるニーズに対応できるように、さまざまな使用方法（添加又は反応）、吸収特性、溶解性である長波長紫外線吸収剤を取り揃えております。

シプロ化成株式会社
〒533-0033 大阪市東淀川区東中島 1-19-4 新大阪 NLC ビル 12F
Tel:06-6328-1964　Fax:06-6329-0631　URL: www.shipro.co.jp

マンガ やさしいプラスチック成形材料

作画 英賀千尋　A5判　126頁　本体¥1,543(税別)

プラスチック成形材料にはどんな種類があるのか、その性質や表示方法、リサイクルなどを分かり易くマンガで解説した入門書。成形不良や品質管理についても触れられている。

株式会社 三光出版社
〒223-0064 横浜市港北区下田町 4-1-8-102
TEL 045-564-1511　FAX 045-564-1520
URL http://www.bekkome.ne.jp/ha/sanko
E-mail sanko@ha.bekkoame.ne.jp

プラスチック技術専門書一筋、三光出版社の本。

初心者にもわかりやすい解説書です

初歩プラシリーズ

初歩のプラスチック 新版	飯田 惇著	A5判	130頁	¥1,619
やさしいプラスチック金型	廣恵章利／深沢 勇 共著	A5判	144頁	¥1,748
やさしいプラスチック成形材料	本間精一著	A5判	128頁	¥1,748
やさしいプラスチック機械と関連機器	飯田 惇著	A5判	168頁	¥1,748
やさしい射出成形	廣恵章利／深沢 勇 共著	A5判	168頁	¥1,748
やさしい射出成形の不良対策	森 隆著	A5判	104頁	¥1,748
やさしい射出成形機－基本・応用から最新技術まで－	廣恵章利／飯田 惇 共著	A5判	254頁	¥1,748
やさしい押出成形	沢田慶司著	A5判	184頁	¥1,748
押出成形のトラブルとその対策	沢田慶司著	A5判	120頁	¥1,748
やさしいプラスチック成形品の加飾	中村次雄／大関幸威 共著	A5判	128頁	¥1,748
やさしいエンジニアリングプラスチック	中野 一著	A5判	134頁	¥1,505
やさしいプラスチック成形品の品質管理	秋山郎八／深沢 勇 共著	A5判	180頁	¥2,233
やさしいプラスチック成形工場の管理技術	臼井一夫著	A5判	120頁	¥1,748
プラスチック製医療機器入門	日本医療器材工業会編集	A5判	104頁	¥1,748
やさしいブロー成形	浅野協一／飯田 惇 共著	A5判	140頁	¥2,233
やさしいプラスチック配合剤	(社)日本合成樹脂技術協会監修	A5判	248頁	¥2,667
やさしいゴム・エラストマー	渡邊 隆／小松公栄 共著	A5判	344頁	¥2,233
初歩のプラスチック インターネット活用編	佐藤 功著	A5判	128頁	¥1,748

最新の射出成形技術	廣恵章利編	¥2,381
超高速射出成形技術	全日本プラスチック機械工業会監修	¥2,381
モールダーのためのプラスチック成形材料	森 隆著	¥1,806
モールダーのための射出成形品の設計	森 隆著	¥2,000
プラスチック射出成形工場の合理化技術	廣恵章利編	¥1,806
高機能樹脂技術資料集 CD-ROM for windows	全日本プラスチック製品工業連合会編	¥11,429
西ドイツプラスチック成形品規格集 ＊(B5判)	全日本プラスチック 共著	¥2,000
ポリマーアロイ便覧	全日本プラスチック成形品工業連合会編集	¥6,311
プラスチック射出成形用金型の加工技術	佐々木哲夫他著	¥2,233
IT革命とプラスチック産業	深沢 勇他著	¥2,000
射出成形機全機種仕様一覧 ＊(B5判)	全日本プラスチック製品工業連合会編	¥3,333
精密射出成形－電気・電子機器部品編－	青葉 堯著	¥2,233
自動車部品の精密成形技術	青葉 堯著	¥2,233
実践的射出成形技術の基本と応用	高野菊雄著	¥2,667
知っておきたいエンプラ応用技術	本間 精一著	¥2,233

技能検定

プラスチック成形技能検定の解説 射出成形／圧縮成形 1・2級 ＊(B5判)	深沢勇編集	¥4,571
プラスチック成形技能検定 公開試験問題の解説（平成19〜22年出題全問題）	深沢 勇著	¥3,619
プラスチック成形技能検定 射出成形 1・2級 模擬試験問題201問-その解答と解説-	中野 一著	¥2,000
プラスチック成形技能検定実技試験の解説 射出成形 1・2級 ＊(B5判)	深沢 勇著	¥3,619
プラスチック成形技能検定の解説 ブロー成形 1・2級編 ＊(B5判)	全日本プラスチック成形工業連合会編	¥4,571

英語版シリーズ

英語版 初歩のプラスチック	森 隆著	¥1,262
英語版 やさしい射出成形の不良対策	森 隆著	¥1,800
英語版 やさしいプラスチック金型	廣恵章利著	¥2,381
英語版 やさしい射出成形	廣恵章利著	¥2,381
英語版 やさしいプラスチック機械と関連機器	飯田 惇著	¥2,381
英語版 やさしいプラスチック成形材料	本吉正信著	¥2,381

中国語版シリーズ

中国語版 初歩のプラスチック ＊(B5判)	森 隆著	¥1,619
中国語版 やさしい射出成形 ＊(B5判)	廣恵章利著	¥1,905
中国語版 やさしい射出成形の不良対策 ＊(B5判)	森 隆著	¥1,900
中国語版 やさしいプラスチック成形材料 ＊(B5判)	本吉正信著	¥1,900
中国語版 射出成形機全機種仕様一覧 ＊(B5判)		¥2,381

※価格は本体（税別）表示です。 ＊(B5判)の注のない書籍はすべてA5判です。

〒223-0064 横浜市港北区下田町4-1-8-102
株式会社 三光出版社
TEL.045-564-1511 FAX.045-564-1520
ホームページアドレス http://www.bekkoame.ne.jp/ha/sanko
E-mail:sanko@ha.bekkoame.ne.jp

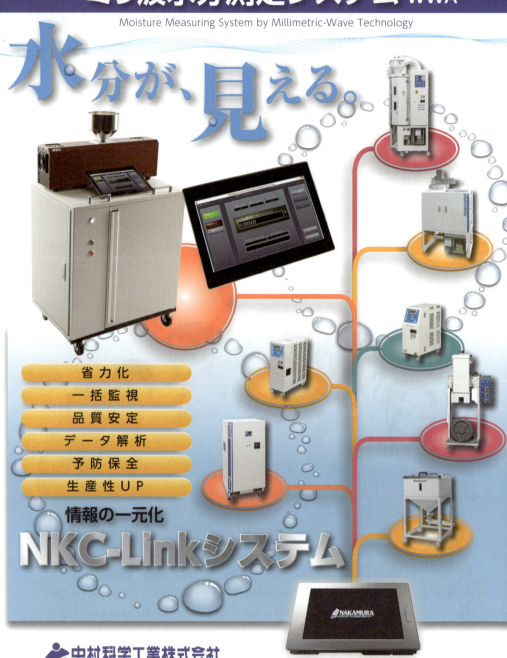